国家社科基金项目"区域雾霾治理中府际协同的实现机制研究"（项目批准号：15BZZ051）最终研究成果

山东大学政治学与公共管理学院一流学科建设计划资助

李辉 ◎ 著

跨域环境治理中的府际协同

以雾霾治理为例

中国社会科学出版社

图书在版编目（CIP）数据

跨域环境治理中的府际协同：以雾霾治理为例 / 李辉著. -- 北京：中国社会科学出版社，2025. 4.
ISBN 978-7-5227-4997-6

Ⅰ. X51

中国国家版本馆 CIP 数据核字第 202536XA24 号

出 版 人	赵剑英
责任编辑	王　琪
责任校对	杜若普
责任印制	张雪娇

出　　版	中国社会科学出版社
社　　址	北京鼓楼西大街甲 158 号
邮　　编	100720
网　　址	http://www.csspw.cn
发 行 部	010 - 84083685
门 市 部	010 - 84029450
经　　销	新华书店及其他书店

印　　刷	北京明恒达印务有限公司
装　　订	廊坊市广阳区广增装订厂
版　　次	2025 年 4 月第 1 版
印　　次	2025 年 4 月第 1 次印刷

开　　本	710×1000　1/16
印　　张	14.5
插　　页	2
字　　数	219 千字
定　　价	88.00 元

序

  党的十八大以来，新时代区域协调发展战略的实施对区域治理研究提出了更高的要求。地方政府的区域合作研究亦迎来新的机遇与挑战，需要肩负起新的历史使命。加强区域治理的研究、寻求合作治理的机制和途径，就成为研究者关注的热点问题。山东大学李辉教授在这个领域持续发力，其《跨域环境治理中的府际协同——以雾霾治理为例》的出版，又给区域治理研究领域贡献了新的观点和思考。作为区域治理研究的同道，我非常高兴，乐见其新著出版，愿意分享学习感悟。

  李辉教授作为国内较早阐释"协同治理"概念的学者，曾在其首部著作《协同型政府：理论探索与实践经验》中系统性地论述"协同型政府"内涵、特征及其实现机制。而凭借在区域治理和地方政府间合作领域的多年深耕，李辉教授在本书中提出又一新洞见——"避害型"府际合作，并基于中国场景和中国实践构建起相应的理论体系。首先，"避害型"府际合作揭示了在环境治理领域中地方政府间合作的动机是基于对不合作可能招致共同损失的回避。其次，"避害型"府际合作是化解区域流域污染、空气污染等外部性问题的重要途径，但在缺乏外部权力压力的情况下，单纯依靠横向协调来实现"避害型"府际合作依然面临集体行动的困境。而在单一制和自上而下的治理场景下，来自中央的纵向介入是化解"避害型"府际合作难题的中国方案。最后，不同尺度的纵向介入不仅相机回应了"避害型"府际合作中横向协调的困境，且无形中形塑了"避害型"府际合作的五种差异化生成模式，即自主探索型、应景响应型、压力回应型、命令强制型和直接组织型。这一理论体系的建立，不仅为公共管理和政策研究领域开辟了新的研究视角，也是环境治理研究的一大重要突破。

李辉教授是国内公共管理学界非常优秀的青年学者。在多年来的学术交流中，我能感受到她对公共管理学科的热爱和执着，能够看出她在公共管理领域的深厚积淀，也非常认可她在区域治理与府际合作、环境治理与社会治理等研究领域的成绩。她在通过案例研究构建中国本土化公共管理理论方面有比较扎实的尝试，更有着非常大的潜力。此部《跨域环境治理中的府际协同——以雾霾治理为例》是李辉教授出版发行的第二部专著，也是其近年来勤恳工作、潜心钻研的结果。

在我国经济持续高速发展的大背景下，环境问题日益凸显，尤其是雾霾等大气污染问题已成为社会关注的焦点。党的二十大报告明确提出了"加强污染物协同控制，基本消除重污染天气"的目标，这标志着环境治理将进入一个新的阶段。鉴于此，深入研究区域环境治理中"府际协同"的作用和路径问题显得尤为重要。我认为，探索府际协同机制，深化对其动态、机制和效果的理解，对于攻克环境治理难题具有重大的理论和实践价值。

在此背景下，地方政府的区域合作研究应在以下三个层面寻求突破：首先，在宏观层面，应加快构建适应新时代的中国特色区域协调发展治理体系，并深入讲述区域协调发展的"中国故事"；其次，在中观层面，通过实证研究，探索不同区域、不同领域的地方政府合作规律，完整展现合作图景；最后，在微观层面，以协同治理为核心理论，深入探讨府际协同的关键机制、系统变量和组织生成。

在我看来，《跨域环境治理中的府际协同——以雾霾治理为例》一书不仅实现了上述理论期待，还具有两大创新。一是，从协同理论的核心概念出发，通过案例研究、量化分析等途径，建立起基础研究与应用研究之间、规范研究与实证研究之间的对话机制，深刻揭示区域雾霾治理中府际协同的关键要素、系统变量及组织生成等问题，进而探索其实现机制。二是，为推进协同治理理论在公共管理领域的应用探索出新的路径，并拓展区域府际合作的研究空间。在应用层面，本书试图为化解"集体行动的困境"、有效应对区域雾霾提供决策参考，并为其他领域的跨域治理提供借鉴。

我相信，李辉教授的这部著作，不仅对深化我国公共管理研究具有重要意义，而且将为推动中国式现代化进程中的区域协调发展提供有益的理论支撑和实践指南。

2024 年 10 月

目　　录

第 一 章

导　　论

第一节　研究背景

随着工业化和城市化进程的快速推进，环境治理问题日益凸显，特别是2013年以来大范围雾霾天气的出现，更成为困扰政府治理和百姓生活的难题。尽管污染城市纷纷采取措施，但雾霾治理的效果仍不尽如人意。这一方面由于雾霾是工业化、城市化过程中长期积累的结果，其治理需要一个过程。另一方面也与雾霾治理结构的碎片化有关。

与其他环境问题不同，雾霾治理具有特殊性。首先，雾霾具有空间转移性，一地的雾霾污染物会随着风向等地理条件向周边区域转移。其次，雾霾治理具有公共性，公共性可以通过两个层面认识：一是雾霾对于区域内的所有公众都具有严重影响；二是雾霾的扩散性使雾霾治理是周边地区的共同任务。再次，雾霾污染具有强外部性特征，雾霾污染生产地不能承担所有的雾霾生产成本，必然需要周边地区付出成本。最后，当前的雾霾具有长期性，雾霾是高速工业化的产物，在工业化的过程中雾霾问题仍将困扰人们的生活[1]。

基于此，单一的属地治理模式与复杂的雾霾污染问题之间产生了较大的冲突，显现出了属地治理模式在雾霾治理中的缺陷，其突出表现在以下四个方面。一是地方政府竞争使经济发展方式与产业布局失衡。在

---

[1]　林弋筌、王镝：《中国"雾霾"治理的政策效果与机制分析》，《系统工程》2021年第4期；庄贵阳、周伟铎、薄凡：《京津冀雾霾协同治理的理论基础与机制创新》，《中国地质大学学报》（社会科学版）2017年第5期。

中国，一定程度上存在着因地方政府官员晋升竞赛而产生的地方政府间的横向竞争关系①。各地政府官员对地区经济的布局是多布局对经济发展贡献大的产业，而对环保的考虑不到位，各地都以经济发展为竞争标的，加剧了区域雾霾的严重程度。二是各地具有自利性，形成雾霾治理的集体行动困境。各地具有各自的利益诉求，而雾霾治理的效果本身具有正外部性，所以一些经济发展程度较低的地方会选择重点发展经济而忽视雾霾治理，在环境保护中搭周边地区的便车，长此以往会形成集体行动的困境。三是基层政府的"共谋"效益会弱化属地雾霾治理的执行效果。四是各地雾霾治理的标准不统一，区域内碎片化的治污标准使雾霾无法得到根本上的有效治理②。因此，有学者将这种属地治理模式称为"应急式"治理，认为各地分头治理可以较好地解决辖区内不同职能部门间的功能整合问题，但是无法跨越行政边界③。基于此，单一的属地治理已无力应对复杂的雾霾问题，时代呼唤雾霾的府际协同治理（也称合作治理、区域联防联控等）。

雾霾协同治理是一个复杂的系统，至少由三个层面组成，分别是操作层、机制层和平衡层。操作层主要是指政府间统一的治理内容、职责与协作办法；机制层主要是指协同治理的激励机制、保障机制等；平衡层主要是指区域内部与外部环境的互动等④。具体来说，在操作层面，采用自顶向下式分解法、层次目标分解法等目标分解模型，将协同推进降碳、减污、扩绿、增长的目标因地制宜地分解到各省⑤，确定区域内各地政府的雾霾治理内容与责任的划分，形成政府责任分摊共识。除此之外，还要从区域立法的高度确立区域内部的协调与合作机制，在制度上形成区域合作治理的范式，从而保证雾霾协同治理体系长期化、

---

① 吴延兵：《经济增长有助于官员晋升吗？——不同类型晋升锦标赛与江苏省县官证据》，《经济与管理评论》2023 年第 5 期。

② 陈桂生：《大气污染治理的府际协同问题研究——以京津冀地区为例》，《中州学刊》2019 年第 3 期。

③ 刘冰、彭宗超：《跨界危机与预案协同——京津冀地区雾霾天气应急预案的比较分析》，《同济大学学报》（社会科学版）2015 年第 4 期。

④ 秦立春：《政治学视野下的雾霾协同治理机制》，《江西社会科学》2016 年第 5 期。

⑤ 刘华军、邵明吉、郭立祥：《新时代的中国大气污染治理之路——历程回顾、成效评估与路径展望》，《商业经济与管理》2023 年第 2 期。

制度化存在①。另外，还需要成立协同发展统一领导小组，对区域内的雾霾治理工作进行统一规划、统一调度②。在机制层面，一是以治理企业为中心，建立"谁污染谁治理"的市场化治理机制，形成污染企业支付污染成本的制度；二是吸引社会力量参与雾霾治理，通过 PPP 等方式进行雾霾的专业化治理；三是制定区域内统一的财税制度，激励相关企业调整生产成本的分配，进行生产方式的优化；四是充分运用社会组织的力量，鼓励区域内各地非政府组织联合起来参与治理；五是建立区域内各地间的信息共享机制，保证信息透明与实时共享，实现雾霾治理效力的最大化；六是建立区域内的生态经济补偿机制，实现包容性发展③。在平衡层面，雾霾协同治理体系应该转变区域内的政府绩效考核方式，在注重经济发展考核的同时注重生态环境的考核，并且将考核结果与地方官员晋升挂钩、与社会监督政策挂钩、与动态终身追责挂钩④。除此之外，应该建立雾霾的实时监控系统，进行区域内污染量化支付制度设计；加强环境相关部门（如能源部门、环保部门）的交流，形成统一的行动指南⑤。

雾霾府际协同治理体系的关键在于形成区域整体利益的平衡，通过组织化和非组织化等方式打破行政区划的边界，制定、实施统一的雾霾治理方案，使区域内成本最小化，最终达到控制污染、共享治理成果的目的⑥。因此，要确立区域内各地的联合规划、联合行动、联合监管的体制机制。需要注意的是，府际协同治理体系要坚持以下三项原则：一是

---

① 郭雪慧、李秋成：《京津冀环境协同治理的法治路径与对策》，《河北法学》2019 年第 10 期。

② 王秦、李慧凤、杨博：《雾霾污染的经济分析与京津冀三方联动雾霾治理机制框架设计》，《生态经济》2018 年第 1 期。

③ 王秦、李慧凤、杨博：《雾霾污染的经济分析与京津冀三方联动雾霾治理机制框架设计》，《生态经济》2018 年第 1 期；庄贵阳、周伟铎、薄凡：《京津冀雾霾协同治理的理论基础与机制创新》，《中国地质大学学报》（社会科学版）2017 年第 5 期。

④ 刘华军、邵明吉、郭立祥：《新时代的中国大气污染治理之路——历程回顾、成效评估与路径展望》，《商业经济与管理》2023 年第 2 期。

⑤ 任保平、段雨晨：《我国雾霾治理中的合作机制》，《求索》2015 年第 12 期；张强：《雾霾协同治理路径研究》，《西南石油大学学报》（社会科学版）2015 年第 3 期。

⑥ 邵帅、李欣、曹建华等：《中国雾霾污染治理的经济政策选择——基于空间溢出效应的视角》，《经济研究》2016 年第 9 期。

由"单方依赖"转化为"多方互赖";二是打造互惠性联动,以多方利益为基础,实现合理的利益平衡和补偿;三是实现互补性联动,以多方合作为基础,进行优势互补①。

第二节 研究意义

目前,雾霾协同治理的思路已经达成了共识,要求区域内部各地整合信任资源、信息资源和技术资源,构建起跨行政区的合作治理模式。但从总体来看,当前的府际协同治理水平还停留在相对初级的阶段,合作过程缺乏制度化、组织化,缺乏长效机制,各自为战、搭便车、区域内部利益不均衡的问题仍较为严重。

在操作层面,区域合作治理的制度规则尚待完善②。具体来说,体现在以下三个方面。一是地方自利性导致的"搭便车"行为较为普遍。雾霾治理具有公共性和长期性的特点,地方主政官员会因短期内的晋升将更多的注意力和财政支持放在经济发展上,而对于雾霾治理等环境问题较为疏忽,试图搭乘区域内周边地区的"便车",享受雾霾治理带来的益处,却不付出成本。长此以往,就会造成所有地区的集体行动困境。二是在雾霾府际协同治理体系中,责权利的规则制定不尽明晰,尚未做到责权利的对等匹配;除此之外,区域内各主体间雾霾相关的各项检测标准也不统一,这也为雾霾的统一治理带来了阻碍③。三是当前的协同治理体系多为应急性质,缺乏雾霾治理的长远规划④。

在机制层面,各种激励机制、保障机制、资源共享机制的建设还不够完善,合作水平低。具体来说,体现在以下三个方面。一是利益协调

---

① 王秦、李慧凤、杨博:《雾霾污染的经济分析与京津冀三方联动雾霾治理机制框架设计》,《生态经济》2018 年第 1 期。

② 王洛忠、丁颖:《京津冀雾霾合作治理困境及其解决途径》,《中共中央党校学报》2016 年第 3 期。

③ 秦立春:《政治学视野下的雾霾协同治理机制》,《江西社会科学》2016 年第 5 期;寇大伟、崔建锋:《京津冀雾霾治理的区域联动机制研究——基于府际关系的视角》,《华北电力大学学报》(社会科学版)2018 年第 5 期。

④ 韩兆柱、卢冰:《京津冀雾霾治理中的府际合作机制研究——以整体性治理为视角》,《天津行政学院学报》2017 年第 4 期。

机制不畅通。各主体间在责任承担、成本支付等方面达成共识的水平低，各地都想尽可能少地承担责任和支付成本，却想要平等地享受雾霾治理带来的益处；另外，各主体之间长期的制度化、组织化的沟通协调平台较少，联席会议召开的频次也十分有限，长此以往，还会加深各地之间的误会，对协同治理体系的长期稳定发展十分不利。二是合作动力机制不均衡。在当下的中国，合作最大的动力必然来源于上级对下级的考核，然而当前环保在政府绩效考核中所占的比重较为有限，这就导致合作动力的缺乏；当然，各主体之间的利益补偿机制的不健全、不合理也容易导致合作动力不足的现象发生①。三是资源共享机制不健全。雾霾治理的区域性要求各地区需要实时共享雾霾监测、治理工具，弱化行政区划边界，但当前各地的地方保护主义仍广泛存在，不能很好地在体系内部建立可靠的资源共享机制，这就使雾霾治理工具无法最大化利用②。

在平衡层面，协同治理体系内部与外部的互动协同效应还不够健全，存在着一定程度的不匹配。具体来说，主要体现在以下三个方面。一是系统内各地在资金、技术、人才等方面的差异较大，再加上利益补偿机制的缺失，这就使资源缺乏的地区无力在雾霾治理所需的资金、技术、人才等方面进行投入。二是各主体协作目标之间存在冲突，有些地方是为了推动"绿色 GDP"的发展，有些地方是为了完成上级任务，有些地方则不是重点目标。这些目标间的不一致，会使协调过程中达成共识的难度加大，协同行动的难度也会相应地增加。三是地方政府的执行力不足。执行力不足的问题是一个普遍性问题，偷工减料、僵硬执行、敷衍了事、歪曲执行等都将大大降低协同力度③。

总之，雾霾污染的"外溢性、无界化、扩散不确定性"，决定了其治理非"一城、一地、一政府"可独立完成。反思治理结构的碎片化与雾

---

① 刘斌、胡天蓉、吕凌纬：《京津冀地区协作性雾霾治理的经验与反思》，《中国环境管理干部学院学报》2018 年第 6 期。

② 寇大伟、崔建锋：《京津冀雾霾治理的区域联动机制研究——基于府际关系的视角》，《华北电力大学学报》（社会科学版）2018 年第 5 期。

③ 秦立春：《政治学视野下的雾霾协同治理机制》，《江西社会科学》2016 年第 5 期；庄贵阳、周伟铎、薄凡：《京津冀雾霾协同治理的理论基础与机制创新》，《中国地质大学学报》（社会科学版）2017 年第 5 期。

霾"外溢化"和"无界化""扩散不确定性"之间的矛盾，构建以府际关系为主轴，整合多元力量的协同治理，是雾霾污染综合治理的理性选择。但雾霾协同治理是一个复杂系统，不仅每一维度存在协同关系，各维度间的交互作用机制也不容忽视。虽然《关于推进大气污染联防联控工作改善区域空气质量的指导意见》和《国民经济和社会发展第十二个五年规划纲要》等均要求"建立区域大气污染联防联控机制"，亚运会、世博会、APEC 会议等特殊时期也进行了有益尝试，但常态条件下，区域雾霾联防联控与府际协同仍面临诸多问题。当前中国雾霾府际协同治理体系还存在上述现实困境。从根本上讲，这些困境有其阶段性和体制原因，例如，社会治理模式转型缓慢、"条块关系"体制导致地方政府的各自为政、属地治理模式增加协作的复杂性、监督不到位、惩罚不严格助长懈怠行为等，需要在今后的改革中重点关注①。

基于此，本书从协同理论的概念内核出发，通过案例研究、量化分析等研究途径，深刻揭示府际协同的关键要素、系统变量及组织生成等问题，深入探索区域雾霾治理中府际协同的实现机制。希望这一研究能在实践层面上，为化解"集体行动的困境"、有效应对雾霾提供决策参考，并为其他领域的跨域治理提供借鉴；能够在理论层面上建立起基础研究与应用研究之间、规范研究与实证研究之间的对话机制，为推进协同治理理论在公共管理领域的应用探索出新的路径，并拓展区域府际合作的研究空间。

第三节　研究内容

一　研究目标

本书核心目标在于，探索区域雾霾治理中府际协同的实现机制，可分解为如下主要目标。

一是系统梳理有关协同理论、协同治理、雾霾治理等方面的理论文献，绘制理论谱系，从协同学和战略协同理论中有关协同概念的内核出

---

① 韩兆柱、卢冰：《京津冀雾霾治理中的府际合作机制研究——以整体性治理为视角》，《天津行政学院学报》2017 年第 4 期。

发，搭建包含协同行动、协同状态和协同效应在内的区域雾霾治理中府际协同实现机制的分析框架。二是系统梳理中国环境治理、雾霾治理、区域雾霾协同治理的文献资料，整体把握中国区域雾霾协同治理的总体特征。三是围绕协同行动、协同状态和协同效应三个维度开展区域雾霾治理中府际协同实现机制的研究。四是提出适应雾霾治理特性及现有体制环境的府际协同实现机制，并给出推进对策。

二　内容纲要

在此基础上，本书的主要内容分为七章。

第一章为导论。综合研究背景和现象，阐述研究意义，并交代研究目标和内容纲要。

第二章为理论梳理与分析框架。综述雾霾治理的法律视角、政策工具视角和结构视角；提出府际合作是区域雾霾协同治理的主轴；从协同概念的理论内核出发构建区域雾霾治理中府际协同的分析框架。

第三章为区域雾霾治理的实践探索。系统梳理中国排污治理的发展历程；概述中国区域大气污染的总体形势；梳理和分析常态下雾霾治理的政策及其效力；描述非常态下的区域雾霾治理实验；介绍区域雾霾协同治理的总体情况。

第四章为从提出到实施：区域雾霾治理中府际协同的行动。阐述"避害型"府际合作是雾霾治理中府际协同的内在逻辑；通过过程追踪法，探讨京津冀大气污染联防联控中 10 种合作形式的提出过程；通过扎根理论，探讨京津冀大气污染联防联控中 10 种合作形式的实现过程。

第五章为从结构到途径：区域雾霾治理中府际协同的状态。系统分析区域雾霾治理中府际协同的主体及其结构；以政策协同为例，梳理区域雾霾治理中府际协同的协作内容；总结区域雾霾治理中府际协同的整合途径。

第六章为从短期到长效：区域雾霾治理中府际协同的效应。以执法联动为例，通过双重差分法分析区域雾霾治理中府际协同的效应。

第七章为结论。

第 二 章

理论梳理与分析框架

第一节 雾霾治理的三重视角

尽管国内外雾霾治理研究起步时间和发展程度不同，但都大致经历了从技术领域向经济领域，再向政治领域和公共管理领域的扩展。起初的研究从技术视角出发，以明确污染物和污染源、探索雾霾污染随气候及人类活动变化的一般规律为目的。如唐孝炎指出，雾霾污染物以可吸入颗粒为主[1]。污染源以工业、交通、生活炉灶与采暖为主，并且城市雾霾污染之间存在普遍的动态关联关系，从而导致区域性雾霾[2]。经济学领域已基本明确了雾霾治理的总体方向，即促进区域经济结构转型升级、改善地区能源结构、减少煤炭使用占比、增加清洁能源的使用占比、提倡绿色低碳转型[3]。问题在于，在工业化和城市化迅速发展的整体趋势下，面对经济增长和社会转型的双重压力，经济发展和城市治理中的诸多矛盾如何在短期内化解。

20 世纪 70 年代，西方环境政治学应运而生。在中国，"城市雾霾日益成为一种政治议题，也标志着环境政治学在我国的萌生"[4]。在政治领域的研究中，曲格平指出，雾霾治理从根本上关涉利益结构的调整，在

---

① 罗锦程、丁问薇：《40 年我国大气污染问题的回顾与展望——访中国工程院院士、北京大学环境科学与工程学院教授唐孝炎》，《环境保护》2018 年第 20 期。

② 刘华军、孙亚男、陈明华：《雾霾污染的城市间动态关联及其成因研究》，《中国人口·资源与环境》2017 年第 3 期。

③ 潘昌蔚、严兵：《雾霾治理影响外资流入吗?：来自中国城市层面的经验证据》，《世界经济研究》2023 年第 9 期。

④ 郇庆治：《雾霾政治与环境政治学的崛起》，《探索与争鸣》2014 年第 9 期。

公共管理领域视角主要集中于雾霾治理中的多元协同与府际合作①。这些研究为明确雾霾治理方向提供了必要的理论指导，但从系统论的观点出发，复杂的雾霾治理问题既需要自然科学领域的技术支撑，又需要经济、政治、法律等社会科学领域的理论关怀。问题在于如何寻找一种载体，以进行两种视野、两种思维的研究整合。

一　雾霾治理的法律视角

雾霾治理的法律研究多为应用型研究，强调厘清现状、发现问题、解决问题。除此之外，已有研究分别从立法和执法两个方面展开研究。基于此，本节从雾霾治理的法治历程、雾霾治理法律规制的现存问题以及完善建议三个方面展开梳理。

（一）中国雾霾治理的法治历程

改革开放之后，随着中国工业化和城市化进程的持续推进，雾霾治理的法治实践也在逐步完善。概而言之，中国雾霾治理的法治实践可以分为以下四个阶段：萌芽阶段（1978—1992 年）、起步阶段（1993—2003 年）、发展阶段（2004—2012 年）、逐步完善阶段（2013 年及之后）②。

1. 1978—1992 年：中国雾霾治理法治实践的萌芽阶段

改革开放之前，中国重点发展重工业，重工业的发展需要消耗大量的能源（此时以煤炭为主），从而带来严重的环境污染。改革开放之后，中国政府意识到了环境污染带来的问题，遂制定系列法律法规试图唤醒人们的环保意识，引起人们对环境问题的关注。然而，因为仍处于萌芽阶段，所以这一阶段的法律法规操作性不强，且环境污染或者大气污染为概括性议题，与雾霾治理相关的内容还非常少。再加上人们的法律意识尚处于形成阶段，执法不严，所以并未发挥根本性的作用。但毋庸置疑的是，这时期的法律法规为此后雾霾治理法治实践的发展奠定了良好的基础。

---

① 曲格平：《如何实现"美丽中国"愿景》，《中国环境报》2013 年 5 月 23 日第 2 版。
② 周景坤：《我国雾霾防治法律法规的发展演进过程研究》，《理论月刊》2016 年第 1 期。

表 2 - 1　　中国雾霾治理法治实践萌芽阶段的主要法律法规

序号	年份	法律法规
1	1979	《中华人民共和国环境保护法（试行）》
2	1979	《工业企业设计卫生标准》
3	1981	《基本建设项目环境保护管理办法》
4	1982	《征收排污费暂行办法》
5	1982	《大气环境质量标准》
6	1983	《锅炉大气污染物排放标准》
7	1984	《关于加强环境保护工作的决定》
8	1985	《水泥工业大气污染物排放标准》
9	1987	《中华人民共和国大气污染防治法》
10	1990	《关于进一步加强环境保护工作的决定》
11	1990	《汽车排气污染监督管理办法》
12	1991	《火电厂大气污染物排放标准》
13	1991	《全国机动车尾气排放监测管理制度（暂行）》
14	1992	《中国环境与发展十大对策》

资料来源：笔者自制。

2. 1993—2003 年：中国雾霾治理法治实践的起步阶段

雾霾治理法治实践的起步阶段始于 1992 年 7 月确定实行的全面协调可持续发展战略。在此之后，中国雾霾治理开始走上了法治化、标准化、多工具化之路。具体来说，自 1993 年始，中国陆续颁布了多部具有可操作性的关于大气污染防治的法律法规，确立了工业、农业、生活等大气排污标准，开始探索利用财税、金融、市场收费等手段依法治理大气污染。当然，尽管这一阶段的立法规模较大、立法水平较高，但在执法过程中却没有改变萌芽阶段执法不严的情况，这也是下一阶段法治实践的重点工作。

表 2 - 2　　中国雾霾治理法治实践起步阶段的主要法律法规

序号	年份	法律法规
1	1993	《关于开展加强环境保护执法检查　严厉打击违法活动的通知》
2	1994	《中国 21 世纪议程—中国 21 世纪人口、环境与发展白皮书》

序号	年份	法律法规
3	1994	《环境保护计划管理办法》
4	1995	《中华人民共和国大气污染防治法》（1995 年修正）
5	1995	《贯彻信贷政策与加强环境保护工作有关问题的通知》
6	1996	《国家环境保护"九五"计划和 2010 年远景目标》
7	1996	《环境空气质量标准》
8	1996	《水泥厂大气污染物排放标准》
9	1996	《火电厂大气污染物排放标准》
10	1998	《关于限期停止生产销售使用车用含铅汽油的通知》
11	1999	《锅炉大气污染物排放标准》
12	1999	《机动车排放污染防治技术政策》
13	1999	《车用汽油有害物质控制标准》
14	2000	《中华人民共和国大气污染防治法》（2000 年修订）
15	2000	《生活垃圾焚烧污染控制标准》
16	2001	《生活垃圾焚烧污染控制标准》
17	2002	《大气污染防治重点城市划定方案》
18	2002	《生活垃圾焚烧处理工程技术规范》
19	2002	《室内空气质量标准》
20	2003	《排污费征收使用管理条例》
21	2003	《排污费征收使用管理条例》

资料来源：笔者自制。

3. 2004—2012 年：中国雾霾治理法治实践的发展阶段

发展阶段的法治实践更为成熟，其重点在于两个方面：一是通过追究法律责任的方式增强相关政府部门的责任意识；二是通过立法的方式从根本上确立了排污税的征收办法，试图从源头限制污染物的排放，增强企业的环保意识。这两个方面的法治举措意在解决前两个阶段遗留的执法效果不佳的弊病。与此同时，也为后一阶段的科学化、精准化治理雾霾提供了经验和基础。

表2-3 中国雾霾治理法治实践发展阶段的主要法律法规

序号	年份	法律法规
1	2005	《水泥工业大气污染物排放标准》
2	2007	《燃煤发电机组脱硫电价及脱硫设施运行管理办法（试行）》
3	2007	《防治城市扬尘污染技术规范》
4	2007	《现有燃煤电厂二氧化硫治理"十一五"规划》
5	2009	《生活垃圾焚烧处理工程技术规范》
6	2010	《大气污染治理工程技术导则》
7	2010	《关于推进大气污染联防联控工作改善区域空气质量的指导意见》
8	2011	《火电厂大气污染物排放标准》
9	2012	《重点区域大气污染防治"十二五"规划》
10	2012	《关于加强环境空气质量监测能力建设的意见》
11	2012	《节能减排"十二五"规划》
12	2012	《关于节约能源使用新能源车船车船税政策的通知》

资料来源：笔者自制。

4. 2013年及之后：中国雾霾治理法治实践的逐步完善阶段

此前三个阶段的雾霾治理法治实践多是环境污染或大气污染的实践，较为笼统。在完善阶段，则是将雾霾治理直接提出，更具针对性。这一阶段的法治实践具有现实导向性，还具有倒逼性质，这是由于雾霾的危害已经到危及人们正常生产、生活的程度。基于此，这一阶段的法治实践以雾霾治理为重点，着重通过提高排污标准、强化建设空气质量监测点来实现目标。

表2-4 中国雾霾治理法治实践完善阶段的主要法律法规

序号	年份	法律法规
1	2013	《大气污染行动防治计划》
2	2013	《轻型汽车污染物排放限值及测量方法（中国第五阶段)》
3	2013	《环境空气细颗粒物污染综合防治技术政策》
4	2013	《关于调整可再生能源电价附加征收标准的通知》
5	2013	《关于继续开展新能源汽车推广应用工作的通知》
6	2014	《生活垃圾焚烧污染控制标准》
7	2014	《锅炉大气污染物排放标准》

序号	年份	法律法规
8	2014	《非道路移动机械用柴油机排气污染物排放限值及测量方法（中国第三、四阶段）》
9	2014	《关于实施第五阶段轻型车污染物排放标准车载诊断系统有关要求的公告》
10	2014	《关于调整排污费征收标准等有关问题的通知》
11	2014	《长三角区域落实大气污染防治行动计划实施细则》
12	2014	《国务院办公厅关于加快新能源汽车推广应用的指导意见》
13	2015	《关于实施第五阶段轻型车污染物排放标准车载诊断系统有关要求的公告》
14	2015	《中华人民共和国大气污染防治法》（2015 年修订）
15	2016	《大气污染防治专项资金管理办法》
16	2017	《京津冀及周边地区 2017—2018 年秋冬季大气污染综合治理攻坚行动量化问责规定》
17	2017	《环境空气 颗粒物中无机元素的测定 能量色散 X 射线荧光光谱法》等 2 项国家环境保护标准
18	2018	《城市环境空气质量排名技术规定》
19	2018	《中华人民共和国大气污染防治法》（2018 年修正）
20	2018	《民用建筑环境空气颗粒物（PM2.5）渗透系数调查技术规范》
21	2018	《环境影响评价技术导则 大气环境》
22	2018	《国家大气污染物排放标准制订技术导则》
23	2018	2018 年《国家先进污染防治技术目录（大气污染防治领域）》
24	2018	《环境空气颗粒物（PM10 和 PM2.5）连续自动监测系统运行和质控技术规范》
25	2019	《2019 年全国大气污染防治工作要点》
26	2020	《环境空气颗粒物（PM10 和 PM2.5）连续自动监测系统技术要求及检测方法》
27	2021	《大气污染防治资金管理办法》
28	2021	2021 年《国家先进污染防治技术目录（大气污染防治、噪声与振动控制领域)》
29	2021	《国家移动源大气污染物排放标准制订技术导则》
30	2022	《印刷工业大气污染物排放标准》等 4 项国家大气污染物排放标准
31	2023	《铸造工业大气污染防治可行技术指南》

资料来源：笔者自制。

（二）中国雾霾治理法律规制的现存问题

纵观世界各国的雾霾治理实践，法治基本上是普遍采取的方式，中国也不例外。中国也在雾霾治理的法治道路上探索了近 40 年，其间取得了很多的法治成果，但还有一些亟待解决的问题，本节试图系统梳理现有研究中提出的问题，以为实践提供借鉴，也为后续的研究提供指导方向。

首先，单行法无法解决复杂问题。显然，雾霾甚至大气污染属于典型的环境问题，但其本身的外溢性又决定了单一的环境治理思路无法有效应对。具体来说，以制定环境相关法律法规的思路来治理雾霾已略显乏力，因为雾霾问题或者环境问题与能源结构、产业结构、区域结构、城乡结构和权力结构有非常紧密的关系，由此产生的"以污染防治为中心""以沿海为中心""以城市为中心""以经济发展为中心"的环境立法特征可能会进一步加剧环境问题的严峻性①。

其次，环境执法效率不高。诚然，中国环境立法起步并不晚，立法规模也较大，但取得的治理效果却不尽如人意，这一方面虽然立法层面还存在问题，但更为重要的是执法层面存在的问题。从前述的四个阶段来看，几乎每一阶段都存在着执法效率不高的问题。之所以会存在执法效率不高，主要有两个原因：一是立法的可操作性低，导致法律法规无法在实践中很好地实践；二是执法过程中存在执法不严甚至官商勾结、利益输送等问题，重工业生产者为了扩大排污规模，与相关官员达成协定，导致雾霾治理执法的弱化②。

最后，法律责任追究机制不健全。从相关利益者的视角来看，雾霾治理的主要相关者有生产者和治理者。实践中，对于作为雾霾生产者的企业和公众的很多超标行为疏于监测，无法发现。对于监测发现的超标行为也多处罚较轻，使生产者没有激励增加雾霾治理的生产投入。与此同时，对于雾霾治理者而言，其责任的法律界定不够严格、清晰，深层原因是生态环境中的环境污染问题本身并没有明确的界限和区域划分③，导致其失责行为没有得到很好的追究，这也是下一步的立法、执法中亟待回应的关键问题之一。

（三）中国雾霾治理法律规制的完善建议

当前，中国正处于国家治理体系和治理能力现代化的关键时期，也是雾霾治理的黄金时期。因此，要抓住这一良好的机遇，着力完善雾霾

---

① 张梓太、郭少青：《结构性陷阱：中国环境法不能承受之重——兼议我国环境法的修改》，《南京大学学报》（哲学·人文科学·社会科学版）2013 年第 2 期。

② 陈梦婕：《雾霾治理的法律对策研究》，硕士学位论文，中央民族大学，2016 年。

③ 郭雪慧、李秋成：《京津冀环境协同治理的法治路径与对策》，《河北法学》2019 年第10 期。

治理的法律法规，提升其法治化、科学化、精准化水平。一是环境立法法典化。如前所述，环境问题的单行法解决思路已略显乏力，需要采取环境法典与环境单行法"适度"并行的框架模式，构建兼具体系性与逻辑性的中国特色体系，实现环境法典体系的科学化①。具体来说，要进一步完善环境保护法、大气污染防治法，逐步构建区域联防联控的法律机制、优化排污权交易制度②。除此之外，要从产业结构、能源结构、区域结构等多方面入手，协调推进雾霾治理。二是提高执法效率。纵观全球，多数发达国家在工业化初期都遭遇过严重的环境污染，其治理成功的经验之一就是建立严格和完善的环境法律体系及完整、有效的执法体系，对污染者和生态破坏者实行严格、严厉和公正的环境执法③。中国也应该如此，对生态环境活动的高效监督及对污染和破坏环境的违法犯罪行为予以严厉打击，树立起法律和执法的权威④。与此同时，也要拓宽公众环保参与渠道，完善环境公众决策听证、环境诉讼等制度，为公众提供主张环境保护权利的司法渠道⑤。三是落实生产、监管与治理责任。雾霾治理要坚持源头治理，以预防为主、防治结合。首先，要对雾霾生产者进行标准化控制，确立环境标准制度、环评制度、总量控制制度；其次，要形成对监管者和治理者的法律责任追究机制，按照大气污染防治的要求明确对各级政府、地方权力机关的授权；再次，规定政府或其职能部门的职责和相关行政权运行的约束程序⑥。四是建立长效法律机制。雾霾是人们生产生活的产物，不可能完全根治，但应该长期地限制，应建立健全长效治污减霾机制以保证治理措施的连贯性与一致性⑦。具体来说，

① 罗丽：《论我国环境法法典化中的若干问题》，《清华法学》2023 年第 4 期。

② 周景坤：《中国雾霾防治的政策创新》，《科技管理研究》2016 年第 11 期。

③ 杨小阳、白志鹏：《雾霾天气的成因及其法律层面应对状况与操作层面政策建议》，《中国能源》2013 年第 4 期。

④ 蓝泰华、王于志、李运仓：《生态环境协同治理的法律路径思考》，《环境保护》2023 年第 Z1 期。

⑤ 沈钊、屈小娥：《公众参与对中国雾霾污染的影响研究》，《统计与信息论坛》2022 年第 7 期；叶竹盛：《法律能否控制大气污染？》，《南风窗》2012 年第 2 期。

⑥ 白洋、刘晓源：《"雾霾"成因的深层法律思考及防治对策》，《中国地质大学学报》（社会科学版）2013 年第 6 期；徐祥民、姜渊：《对修改〈大气污染防治法〉着力点的思考》，《中国人口·资源与环境》2017 年第 9 期。

⑦ 沈钊、屈小娥：《公众参与对中国雾霾污染的影响研究》，《统计与信息论坛》2022 年第 7 期。

包括生产生活方式的变革、立法观念转变、责任主体的确定、联动机制的建立、空间和产业的合理规划布局①。

总的来说，法律是推进雾霾治理的一条有效路径，但雾霾治理本身却并非一个单纯的法律问题，而更多地是一个涉及环境伦理的社会问题。因此，对于雾霾的治理，要充盈治理方式，改变发展理念，综合运用多种政策工具以治之②。

二　雾霾治理的政策工具视角

公共政策是中国雾霾治理最重要的方式。从现有的理论研究来看，学界多聚焦在财政政策、产业政策以及金融政策对雾霾治理的影响。

（一）雾霾治理的财政政策

所谓财政政策，是指政府根据一定时期政治、经济、社会发展的任务和目标，通过调整财政关系实现社会总需求的平衡。具体来说，财政政策主要包括税收政策、财政补贴等。

从税收政策来看，征收"雾霾绿化税"是雾霾治理的可行选择。一方面，尝试创建新的税种，如"碳税""硫税"等，对环境污染主体进行量化税收，以增加其环境成本，倒逼环保效率和质量的提升；另一方面，可以尝试在我国现有的税制体系中扩展"绿化税"的征收空间，如在资源税的基础上增加绿化的税分，以资源绿化税提高生产的资源利用效率；又如，在消费税基础上增加绿化的税分，对消费品进行区分，对某些特别造成资源环境压力的产品，应该提高税负。总之，雾霾治理税收政策的思路就是将外部成本通过税收策略实现内部化转移③。

从财政预算与补贴来看，政府可以通过调整财政支出结构，根据实际情况增加对城市环保建设的投入，如增加对城市园林绿化的投入以及推动城市公共交通的发展等④。除此之外，充分利用市场机制进行污染物

---

① 赖虹宇：《雾霾灾害及其法律对策》，《光华法学》2015 年第 1 期。

② 白洋、刘晓源：《"雾霾"成因的深层法律思考及防治对策》，《中国地质大学学报》（社会科学版）2013 年第 6 期。

③ 贾康：《运用财税政策和制度建设治理雾霾》，《环境保护》2013 年第 20 期。

④ 樊轶侠：《"打赢蓝天保卫战"与区域大气污染防治的财政政策》，《改革》2018 年第 1 期；安彦林：《防治大气污染的财税政策选择》，《税务研究》2014 年第 9 期。

排放总量控制，从而从源头限制雾霾的产生及控制规模的扩大。具体来说，顺应市场发展建立兼容式发展生态补偿机制、碳排放权市场交易机制等①。

总的来说，财政政策对雾霾治理具有积极作用，在实践中需要充分发挥其调节功能、引导功能和保障功能②。李子豪等人指出制定环境财税政策时需要根据不同地区的经济发展水平和特征，制定差异化的环境财税政策，引导人们对减排目标的政策认知③。也有学者认为雾霾治理应该采取混合策略，具体来说，可以在控制污染总量的基础上进行排放交易，对超出总量或分配额之外的部分进行征税，也就是庇古税和市场交易的思路。然而，此种策略也会存在一些风险，例如，污染权规定了通过市场交易可以进行排放的污染总量，但是却没有划定污染区域的范围，这样会造成某些地方的污染长期性积累而最终导致污染具有不可逆转性；通过市场来对环境进行调节会导致经济"繁荣"的恶性循环。因为有污染就需要治理，那么治理污染所形成的市场就会使国民生产总值得以增加④。

（二）雾霾治理的产业、能源政策

政策具有极强的导向性，产业政策对于雾霾治理而言是自变量，产业政策的调整有利于推动产业结构转型、能源结构转型，甚至于引导技术应用⑤，从而对雾霾治理效果产生正向效应。与此一致，学术界也多在产业结构、能源结构和技术应用等方面对雾霾治理展开研究。

当前，中国第二产业在整个国民收入中还占有较高比例⑥，而第二产

---

① 贾康：《运用财税政策和制度建设治理雾霾》，《环境保护》2013 年第 20 期。

② 洪德豹：《当前我国低碳经济背景下治理雾霾的财税政策研究——基于我国工业城市雾霾影响因素的典型案例分析》，硕士学位论文，吉林财经大学，2016 年。

③ 李子豪、袁丙兵：《地方政府的雾霾治理政策作用机制——政策工具、空间关联和门槛效应》，《资源科学》2021 年第 1 期。

④ 胡雪萍、梁玉磊：《治理雾霾的政策选择——基于庇古税和污染权的启示》，《科技管理研究》2015 年第 8 期。

⑤ 任保平、宋文月：《我国城市雾霾天气形成与治理的经济机制探讨》，《西北大学学报》（哲学社会科学版）2014 年第 2 期。

⑥ 《2018 年中国产业结构、居民收入、人口年龄结构及消费需求分析》，中国产业信息网（http://www.chyxx.com/industry/201808/664165.html）。

业的发展对能源的依赖程度较高。各行各业对高污染能源使用量的差异是很大的，如果有引导地对产业进行布局，那么从总体上来看污染的排放量就会减少，缩小雾霾的治理规模和降低难度①。在能源结构方面，有学者通过实证研究发现雾霾污染与经济增长存在显著的"U"形曲线关系，以煤为主的能源结构以及随之产生的以第二产业为主的产业结构、人口的快速集聚及公路交通运输强度的提升共同导致雾霾污染加剧②。在技术应用方面，通过制定颁布财政政策、税收政策、人才政策等吸引、鼓励高科技人才对雾霾治理的技术进行研发、推广。显而易见，单一的雾霾治理政策都无法彻底解决雾霾问题，因为雾霾治理本身就是一个颇具复杂性的议题，因此必须综合运用多种政策工具才能较好地治理雾霾③。要转变经济发展方式，从调整产业结构、能源结构、加快技术运用的多重视角进行长效机制的建设。首先，建立产业标准的政策体系，提高产业的环境准入门槛，淘汰落后企业；其次，施行相应的财政政策和财政工具，构建污染权交易市场进行总量控制，引导清洁能源的市场化运用；最后，政府通过给予科研单位一定财政研发支持，开展绿色创新研发活动④。

从结构转型与区域协调角度对雾霾产生机制的研究发现，中国中东部地区产业过度重型化、城镇人口密集度过高、能源消费以煤炭为主以及过多地布置火力发电厂、高密度的汽车保有量与通行量等结构化因素是雾霾积聚的重要诱因。应该创新治理思路，从结构转型的角度来思考缓解和消除"雾霾锁国"困境的治理措施。通过宏观政策引导城市结构、产业结构以及能源生产结构在区域内部与区域之间的主动调整来推动环境治理，在结构转型中实现经济增长和环境保护的"双重红利"，同时实现区域协调发展⑤。

① 贾康：《运用财税政策和制度建设治理雾霾》，《环境保护》2013年第20期。
② 邵帅、李欣、曹建华等：《中国雾霾污染治理的经济政策选择——基于空间溢出效应的视角》，《经济研究》2016年第9期。
③ 贾康：《运用财税政策和制度建设治理雾霾》，《环境保护》2013年第20期。
④ 邵帅、李欣、曹建华等：《中国雾霾污染治理的经济政策选择——基于空间溢出效应的视角》，《经济研究》2016年第9期。
⑤ 何小钢：《结构转型与区际协调：对雾霾成因的经济观察》，《改革》2015年第5期。

（三）雾霾治理的金融及其他政策

雾霾治理的金融支持是新型的政策工具，其影响巨大，但目前中国的金融市场环境有待提升，社会各界对绿色金融的认识也较为不足。然而，这些现实阻碍并不能遮盖金融政策对雾霾治理技术产学研结合的巨大需求。因此，中国应该完善与雾霾治理相关的金融政策体系，加大雾霾防治金融政策实施的监管力度，集中解决雾霾防治风险投资发展的瓶颈，更好发挥绿色信贷的引导作用，建构 PPP 雾霾防治产业基金[1]。除此之外，解决雾霾治理问题，还需要落实人才政策，培养更多雾霾治理专业人才，联合社会组织培养环保志愿者，增强社会公众的环保意识。当然，也要出台相关政策对雾霾治理技术进行知识产权保护，加快科研成果转化[2]。

总之，雾霾治理是一个长线工作，应该从常态治理和应急管理两个维度展开治本与治标的协同推进。常态治理着眼于治本，主要体现在制度、技术和机制三个层面的设计。制度在于规制主体的行为，技术在于具体的操作手段，机制在于保障运转程序的过程顺畅。应急管理着眼于指标，强化雾霾危机意识，做好应急防控工作，例如制定与完善雾霾空气重污染应急预案、建立健全雾霾信息监测预警机制、建立健全雾霾信息公开机制、做好雾霾危机应对所必需的应急物资准备工作、完善雾霾危机应急处置机制[3]。当然，雾霾治理的根本关乎公众的环境权，在雾霾治理工作的推进过程中也应该建立公众政策的进路体系[4]。

三　雾霾治理的结构视角

雾霾等大气污染问题是关乎所有公众的共同问题，因此雾霾治理也是政府、企业、公众共同的现实追求。换言之，雾霾治理不仅是政府的

---

① 郑万腾、赵红岩、赵梦婵：《数字金融发展有利于环境污染治理吗？——兼议地方资源竞争的调节作用》，《产业经济研究》2022 年第 1 期；杨奔、林艳：《我国雾霾防治的金融政策研究》，《经济纵横》2015 年第 12 期。

② 周景坤：《中国雾霾防治的政策创新》，《科技管理研究》2016 年第 11 期。

③ 李桂华、马建珍、甘文华：《雾霾治理的政策体系研究——以南京为例》，《中共南京市委党校学报》2014 年第 6 期。

④ 梁岩、贾秀飞：《"雾霾"现象的公共政策分析》，《环境保护科学》2015 年第 4 期。

责任，也是企业和公众的共同责任。基于此，要构建起"政府—企业—公众等"的协同治理结构共克雾霾问题。

随着对雾霾本质、特征及生成逻辑的深入了解，学术界普遍认为雾霾治理单主体的解决办法已经无法应对，呼唤多主体的解决思路。从根本上讲，雾霾治理系统应该是一个复杂的系统，这一系统中有多个主体，其中包括政府、企业、公众、高校、科研院所等[1]。这些主体在雾霾治理的过程中分别扮演着不同的角色，地方政府扮演着元治理的角色发挥主导作用，企业可以成为雾霾治理的关键执行主体，公众既可以身体力行地减少雾霾相关污染物的排放也可以发挥雾霾治理监督者的作用，高校和科研院所可以发挥决策参谋作用和科技研发作用，媒体和环保组织也可以发挥隐性监督作用。当然，只有形成上述多主体间的协调共进才能最大限度地发挥其合力[2]。目前，中国国家治理的范式正在由管理向治理转变，在雾霾治理领域也是如此。积极构建多元主体参与的协同治理体系，形成以"地区联动为要义、政府为主导、企业为主体、公众与社会组织共同参与"的雾霾污染区域协同治理格局已成为学术界的基本共识[3]。然而，在这个协同治理格局中，防止集体行动困境和逐底竞争困境是需要时刻关注的重要问题。具体来说，集体行动困境是地方政府的自利性、空气质量的公共物品属性与治霾集团的规模所致，逐底竞争困境则是经济利益的推动作用和雾霾污染的空间溢出效应所致，逐底竞争困境还会强化集体行动困境[4]。

如前所述，雾霾治理结构实际上是一个复杂的系统，我们除了要关注到复杂系统中的多元主体，还应该注意多主体之间组成的系统关系。有学者指出在雾霾治理政策的制定过程中，政府为政策的出台提供了一种"拉力"，而人民及人民团体产生的社会意见则为其提供了"推力"，

---

[1] 王惠琴、何怡平：《协同理论视角下的雾霾治理机制及其构建》，《华北电力大学学报》（社会科学版）2014年第4期。

[2] 李永亮：《"新常态"视阈下府际协同治理雾霾的困境与出路》，《中国行政管理》2015年第9期。

[3] 刘华军、雷名雨：《中国雾霾污染区域协同治理困境及其破解思路》，《中国人口·资源与环境》2018年第10期。

[4] 刘华军、雷名雨：《中国雾霾污染区域协同治理困境及其破解思路》，《中国人口·资源与环境》2018年第10期。

推拉结合促成政策的形成。然而，这种推拉机制，还存在着一定的应急性和临时性，面临着政策制定中专业技术支持还不充分等问题，当然公众推力的形成也是一大难题①。有学者从政策整合的视角来审视雾霾治理结构这一系统，指出经济、社会、技术都会对雾霾治理有显著影响，而经济政策的作用主要在引导，从而提高经济发展的质量，社会政策的重点是推动政府、企业和居民等利益相关者作出更大贡献，技术政策应从合作机制、共建大数据平台和统一技术标准体系等方面取得突破②。在这一系统中，学者们尤其注重公众参与推进路径的研究。参与对话是空气治理和环境保护的前提，本身具有必要性和优势，突出体现在公众参与雾霾治理政策制定改变了政策制定过程的特性，使政策制定从相对封闭的政府内部过程转变为相对开放的社会参与过程；增加了政策制定的主体，使政策制定从专家、官员的互动发展为专家、官员、民间组织和公众等多主体之间的互动；加快了政策制定和实施的进程，缩短了政策出台周期，提高了政策制定效率③。然而，在实践中也面临着一些风险，例如，面临着"搭便车"与"囚徒困境"，人们的环保意识还较弱，一些人寄希望于他人进行环保而自己并不付出环保成本；又如，存在着公共政策与民众感知之间信息不对称的问题，个体缺乏行动力以及缺乏法律、制度、组织等保障机制；当然，公众对政府与企业治污的信任水平也有待提高。基于此，公众应当树立环保意识，既发挥环保执行者的作用，也进行环保监督；政府首先要建立信息共享渠道，保障公众的知情权和监督权，吸纳公众进入公共政策决策议程；与此同时，政府也要建立各种保障机制，如财政保障、制度保障等，保障公众合法高效地参与雾霾治理；当然，第三方社会组织也应该发挥其志愿服务职能和专业技能，直接参与雾霾治理，另外也可以广泛吸收民众参与社会组织，进行组织化的雾霾治理行动；最后，有关环保企业也谨遵法律法规政策营造良好

① 吴柳芬、洪大用：《中国环境政策制定过程中的公众参与和政府决策——以雾霾治理政策制定为例的一种分析》，《南京工业大学学报》（社会科学版）2015 年第 2 期。

② 陈永国、董葆茗、柳天恩：《京津冀协同治理雾霾的"经济—社会—技术"政策工具选择》，《经济与管理》2017 年第 5 期。

③ 吴柳芬、洪大用：《中国环境政策制定过程中的公众参与和政府决策——以雾霾治理政策制定为例的一种分析》，《南京工业大学学报》（社会科学版）2015 年第 2 期。

的环保氛围，环保专业性企业也可以通过 PPP 等机制直接参与雾霾治理，形成雾霾合作治理的理论和实践范式①。

第二节　府际合作：区域雾霾协同治理的主轴

尽管雾霾治理结构是一个包含政府、企业、公众、第三方社会组织等在内的多元系统，但毋庸置疑，政府在这个系统中发挥主导作用。然而，雾霾污染具有极强的空间溢出性和空间关联性，依靠单边的或局部的雾霾治理格局已难以从整体上解决区域雾霾问题②。所以，雾霾的府际协同治理已逐渐成为必然选择。赵立祥等提出"构建区域联防机制，统一规划，相互配合，形成控制污染排放的合力"③。王喆等认为，跨域治理与府际协作是区域雾霾治理的最佳模式④。

作为治理结构的重要维度，府际协同在区域雾霾治理中的突出地位已得到共识。谢宝剑、陈瑞莲认为，府际协同需要制度、主体和机制联动⑤。总的来说，雾霾治理需要构建协同治理的体制框架、行动方式和制度安排⑥，从治理理念、组织机构、法律制度及运行机制等方面提高雾霾治理中政府间协同水平。

在治理理念上，从根本上改变传统的"单中心"的治理理念，构建起合作治理的理念。合作治理、协作治理在今后的政府管理、国家治理中将会被广泛应用，因为随着社会的发展，越来越多的公共事务将会呈

---

① 韩志明、刘璎：《雾霾治理中的公民参与困境及其对策》，《阅江学刊》2015 年第 2 期；韩志明、刘璎：《京津冀地区公民参与雾霾治理的现状与对策》，《天津行政学院学报》2016 年第 5 期。

② 刘华军、雷名雨：《中国雾霾污染区域协同治理困境及其破解思路》，《中国人口·资源与环境》2018 年第 10 期。

③ 赵立祥、赵蓉、张雪薇：《碳交易政策对我国大气污染的协同减排有效性研究》，《产经评论》2020 年第 3 期。

④ 王喆、唐婍婧：《首都经济圈大气污染治理：府际协作与多元参与》，《改革》2014 年第 4 期。

⑤ 谢宝剑、陈瑞莲：《国家治理视野下的大气污染区域联动防治体系研究——以京津冀为例》，《中国行政管理》2014 年第 9 期。

⑥ 李辉：《雾霾协同治理需解决三大问题》，《中国机构改革与管理》2015 年第 3 期。

现跨域性特征，或者跨域合作治理的成本将会大大降低。可以将雾霾治理作为合作治理的突破口，在诸如官员政治晋升体制机制的配合之下，逐步转变为合作治理的政府治理范式①。

在组织机构上，成立组织化、制度化的专门主体，如环保专项工作领导小组，赋予领导小组协同各地区的公权力，当然由于雾霾治理的专业性质，还可以设置办公室和配备专家咨询小组，以保证高效化治理雾霾②。除此之外，激活体系内部的协调者也十分重要，形成互联互通的网络协调体系，将合作意识转为合作行动③。

在法律制度上，将雾霾府际协同治理的行为方式稳定化是法律制度路径的主要目的。在实践中，需要增强法律约束力，将区域合作写入当地法律法规，构建权责利明晰的法律关系④。另外，根据需要也可以制定区域性的法律法规，如突发性的决策支持系统、责任追究系统等；最后，可以在法律层面确立利益补偿机制、信息共享机制和责任划分机制，以提高系统内各主体间的信任水平，减少雾霾负外部性的扩散⑤。

运行机制是提升雾霾府际协同治理水平的重要路径，也是最为丰富、最为及时有效的路径。总的来说，在运行机制层面，大概有以下几种建议。一是引力机制。引力机制是指在地方协同治理中增强合作动机的机制，如将环保纳入官员晋升考核指标提升。从区域来看，引力机制还体现在健全利益补偿机制，力图让各地享有较为平等的成本收益，享受平等的雾霾治理效果和经济发展机会；另外，还可以建立区域内部的资金、

①　韦东明、顾乃华、刘育杰：《雾霾治理、地方政府行为和绿色经济高质量发展——来自中国县域的证据》，《经济科学》2022 年第 4 期；王颖、杨利花：《跨界治理与雾霾治理转型研究——以京津冀区域为例》，《东北大学学报》（社会科学版）2016 年第 4 期。

②　韩兆柱、卢冰：《京津冀雾霾治理中的府际合作机制研究——以整体性治理为视角》，《天津行政学院学报》2017 年第 4 期。

③　王洛忠、丁颖：《京津冀雾霾合作治理困境及其解决途径》，《中共中央党校学报》2016 年第 3 期。

④　王洛忠、丁颖：《京津冀雾霾合作治理困境及其解决途径》，《中共中央党校学报》2016 年第 3 期；秦立春：《政治学视野下的雾霾协同治理机制》，《江西社会科学》2016 年第 5 期；寇大伟、崔建锋：《京津冀雾霾治理的区域联动机制研究——基于府际关系的视角》，《华北电力大学学报》（社会科学版）2018 年第 5 期。

⑤　李永亮：《"新常态"视阈下府际协同治理雾霾的困境与出路》，《中国行政管理》2015 年第 9 期。

技术、人才等的互助体系，为协同治理提供更多的动力①。最后，可以建立区域内的对口帮扶机制，推动区域内的产业结构转型，以适应雾霾治理的要求②。二是压力机制。压力是地方政府合作的外部动力之一，通过建立压力机制，使系统内各主体不得不加入协同治理体系或者提高协同治理水平，形成合作的迫切感。例如，建立效益评价机制，对协同治理中的各级政府进行来自上下级、横向同级以及民众的效益评价，为各主体营造紧张感，从而切实推进雾霾治理；还可建立长效监管机制，对区域内的雾霾相关单位进行制度的监管监测，一旦发现污染排放量超标，就进行相应的惩罚③；推进服务型政府建设、推进绩效考核、增强政府回应性也可以间接地对雾霾治理产生压力④。三是推力机制。推力是一种顺向地推动地方政府之间合作的力，形成一种良好的外部氛围。在跨区域生态治理中，形成推力机制的主要因素有三：其一是中央政府政策导引形成的自上而下的推动力；其二是企业、非政府组织跨区域发展形成体制外推力⑤；其三是沟通协调机制、反馈提高机制的建立等⑥。四是耦合场力机制。耦合场力机制是对引力、压力、推力机制的补充，在实践中主要体现为雾霾治理投资保障机制、区域统一碳排放交易机制、社会参与机制等⑦。

区域治理研究发轫于欧美，经历了大都市区碎片化、巨人政府、新

---

① 王秦、李慧凤、杨博：《雾霾污染的经济分析与京津冀三方联动雾霾治理机制框架设计》，《生态经济》2018年第1期；李永亮：《"新常态"视阈下府际协同治理雾霾的困境与出路》，《中国行政管理》2015年第9期。

② 刘祺：《基于"结构—过程—领导"分析框架的跨界治理研究——以京津冀地区雾霾防治为例》，《国家行政学院学报》2018年第2期。

③ 秦立春：《政治学视野下的雾霾协同治理机制》，《江西社会科学》2016年第5期；王秦、李慧凤、杨博：《雾霾污染的经济分析与京津冀三方联动雾霾治理机制框架设计》，《生态经济》2018年第1期。

④ 张雪：《跨行政区生态治理中地方政府合作动力机制探析》，《山东社会科学》2016年第8期。

⑤ 张雪：《跨行政区生态治理中地方政府合作动力机制探析》，《山东社会科学》2016年第8期。

⑥ 王秦、李慧凤、杨博：《雾霾污染的经济分析与京津冀三方联动雾霾治理机制框架设计》，《生态经济》2018年第1期；韩兆柱、卢冰：《京津冀雾霾治理中的府际合作机制研究——以整体性治理为视角》，《天津行政学院学报》2017年第4期。

⑦ 王颖、杨利花：《跨界治理与雾霾治理转型研究——以京津冀区域为例》，《东北大学学报》（社会科学版）2016年第4期；刘祺：《基于"结构—过程—领导"分析框架的跨界治理研究——以京津冀地区雾霾防治为例》，《国家行政学院学报》2018年第2期。

区域主义三个研究阶段。国内区域治理研究自 20 世纪末开始，经历了一个从"行政区行政"到"区域行政"向"区域治理"演化的实践过程①。研究范畴从偏重发达地区扩展至大部分区域；从一体化的宏观背景转向特定公共问题的跨界治理。与之密切相关的是，国内府际关系研究虽起步较晚，但研究进展较顺利。单一层面府际关系的探讨已较为深入。如，桂华、文宏和李风山的央地关系研究；容志和李婕、王龙等人的跨部门协同研究②。

单一层面的府际关系研究相对具体，易于把握规律。但随着跨域公共事务治理的复杂性不断提升，特别是在新区域主义范式下，多层次、多边联合等治理模式兴起，多层面关系间的交互影响将日益凸显，单一层面的研究还需要向多层面的整合研究转化。

第三节　"行动—状态—效应"：府际
协同的分析框架

使用协同理论研究公共治理问题，是协同学发展与公共行政范式转化的共同结果。哈肯的协同学与 Ansoff 的战略协同理论奠定了协同理论的研究基础③。国内研究中，将"协同治理"运用到社会治理、区域治理的文献较丰富④。生态环境协同治理的文献也有出现，其中流域治理研究

①　张贵：《中国式区域治理体系、机制与模式》，《甘肃社会科学》2023 年第 3 期。

②　桂华：《论央地关系的实践性平衡——结合两项土地制度的分析》，《开放时代》2022 年第 5 期；文宏、李风山：《中国地方政府危机学习模式及其逻辑——基于"央地关系—议题属性"框架的多案例研究》，《吉林大学社会科学学报》2022 年第 4 期；容志、李婕：《"一网"能够"统管"吗——数字治理界面助推跨部门协同的效能与限度》，《探索与争鸣》2023 年第 4 期；王龙、王娜、李辉等：《内部横向视角下政府数据跨部门协同治理的过程分析》，《电子政务》2023 年第 5 期。

③　[德]赫尔曼·哈肯：《协同学——大自然构成的奥秘》，凌复华译，上海译文出版社 2005 年版；Ansoff, H. I., *Corporate Strategy, An Analytic Apporach to Business Policy for Growth and Expansion*, New York：McGraw-Hill, 1965.

④　陈朋亲、毛艳华：《粤港澳大湾区跨域协同治理创新模式研究——基于前海、横琴、南沙三个重大合作平台的比较》，《中山大学学报》（社会科学版）2023 年第 5 期；唐亚林、郝文强：《从协同到共同：区域治理共同体的制度演进与机制安排》，《天津社会科学》2023 年第 1 期。

多于空气治理①。

现有研究大致沿基础研究和应用研究两条路线进行，综合研究较少。研究方法上，单纯的文献研究不能深入含摄协同治理的现实机制；个案研究又不能反映协同框架的普遍性。由于理论与实践对接不足，更具可操作性的方法论仍待形成。在借鉴协同理论时，往往只能停留在理念借用，而方法论应用不充分。为此，需要从协同概念的理论内核出发，从本源上分析区域雾霾治理中府际协同的理论内核及其分析框架。

一　协同的含义

协同是日常生活中经常使用的词语，与协调、合作相关，但又不仅限于协调和合作的范畴。本书主要借用辞源学、协同学和战略协同等理论来阐述协同的概念。

（一）协同概念的语言学阐释

在汉语语系中，协同一词古而有之。《辞源》中将协同解释为：和合，一致②。协同反映的是事物之间、系统之间或要素之间保持合作性、集体性的状态和趋势。和合思想是中国儒家文化的精髓，"中国古代管理思想强调和谐，主张协同，追求和谐的境界，使矛盾和差异的双方协调统一，共同构成和谐而又充满生机的世界。③"

协同的英文单词"Synergy"来自希腊语"Synergos"，是指一起工作。"syn"表示"together"，即在一起引起的协调与合作。表面上理解，协同与协调、合作等概念极为相近。但这一单词的后一部分"ergy"表示"working"，即组织结构和功能。"Synergy"不仅有协调合作之意，而且强调协调、合作产生的新的结构和功能，强调协调、合作的结果。

（二）协同概念的战略学观点

一般认为，最早提出协同概念的是美国著名战略专家安索夫。20世

---

① 陈润羊：《区域环境协同治理的体系与机制研究》，《环境保护》2023 年第 5 期；肖富群、蒙常胜：《京津冀大气污染区域协同治理中的利益冲突影响机理及协调机制——基于多案例的比较分析》，《中国行政管理》2022 年第 12 期。

② 《辞源》，商务印书馆 1979 年版，第 417 页。

③ 张士英：《中国古代的和谐思想及现代教育价值》，《教育探索》2006 年第 5 期。

纪 60 年代是众多公司规模不断扩大、业务不断多元化的一个时期。为了适应多元经营模式的需求，安索夫在 1965 年出版的《公司战略》一书中，阐述了基于协同理念的战略。安索夫认为，公司在决定是否进入新的产品市场，以及哪些领域可以为公司提供最佳机会时，必须考虑四种组合战略要素：产品市场范围、发展方向、竞争优势和协同①。协同概念的最简单理解就是 2 + 2 = 5 的效应，即整体价值大于各独立部分的简单总和②。借用投资收益率，安索夫进一步解释了这种价值增值的来源，即"协同模式的有效性部分的源于规模经济带来的好处"③。

假设一种产品可带来 S 元的年销售收入，为生产这种产品而发生的人工、材料、日常费用、管理费用和折旧等方面的费用成本为 O 元，而在产品开发、工具、设备、厂房和存货等方面的投资为 I 元。这样，产品 P 的年投资收益率 ROI 为：$ROI = (S - O)/I$。

公司的整体销售收入可以写成：$S_t = S_1 + S_2 + \cdots + S_n$

整体运营成本为：

$O_t = O_1 + O_2 + \cdots + O_n$

$I_t = I_1 + I_2 + \cdots + I_n$

公司整体的投资收益率就为：$(ROI)_t = (S_t - O_t)/I_t$

如果各种产品之间不存在任何相关性，那么，上边这些公式就成立，其各自总体的数值可以通过简单加总的方式求得。

但大多数公司中都存在着规模效益。如果一个公司有能力运用产品与市场的组合，来降低运营成本，公司整体的投资收益率会高于各部分投资收益率的简单相加。即 $(ROI)_s > (ROI)_t$。

安索夫认为，只有当企业与被收购企业之间业务和资源实现了良好匹配才能产生协同效应；只有通过这种匹配实现了低成本运营或价值增值才能认定为实现了协同效应。这为企业多元化经营和兼并、收购的战

①　[美]安索夫编著：《新公司战略》，曹德骏、范映红、袁松阳译，西南财经大学出版社 2009 年版，第 73—75 页。
②　[英]安德鲁·坎贝尔、凯瑟琳·萨姆斯·卢克斯编著：《战略协同（第 2 版）》，任通海、龙大伟译，机械工业出版社 2000 年版，第 1 页。
③　参见[英]安德鲁·坎贝尔、凯瑟琳·萨姆斯·卢克斯编著《战略协同（第 2 版）》，任通海、龙大伟译，机械工业出版社 2000 年版，第 20 页。

略决策提供了依据。按照安索夫的观点，协同是企业与被收购企业之间匹配关系的理想状态，是一种评价联合效应的手段①。除了有形资本的协同外，安索夫认为，"一个企业中积累的知识和经验应用于其他新的企业，如果新企业的管理和决策由此得到改善"，也可以产生协同效应②。

日本战略专家伊丹广之对安索夫的协同概念进行了比较严格的界定，他将资源分为实体资源和隐形资源，进而把安索夫的协同概念分解成"互补效应"和"协同效应"两部分。伊丹广之认为，只有当企业开始使用它隐形资源时，才能产生真正的协同效应。按照伊丹广之的观点，"通俗地讲，协同就是搭便车，当从公司的一个部分中积累的资源可以被同时且无成本地应用于公司的其他部分的时候，协同效应就发生了"③。

罗伯特·巴泽尔（Robert Buzzell）和布拉德利·盖尔（Breadley Gale）认为协同是相对于各独立组成部分进行简单汇总而形成的企业群整体的业务表现④。如企业群中的各个企业由于能够分担某种业务的成本，规模效益将使每个企业的成本都低于其单独运行时所承担的成本，从而使企业群中联合运作的企业比单独运作的企业能够取得更高的盈利能力，即实现协同效应。

总之，战略学中的协同概念旨在强调部分之间相互匹配的理想状态，强调资源最优化利用和整体功能的放大。笔者认为，这种协同效应既可以来源于有形资源的互补，也可以来源于无形资本的共享。

（三）协同概念的物理学观点

将协同学作为一门独立科学进行研究的是德国著名物理学家赫尔曼·哈肯。按照哈肯的观点，协同（Synergy）是指系统的各部分之间互相协作而产生的整体效应或集体效应⑤，这种效应可以使整个系统形成个

①　[英] 安德鲁·坎贝尔、凯瑟琳·萨姆斯·卢克斯编著：《战略协同（第2版）》，任通海、龙大伟译，机械工业出版社2000年版，第28页。

②　参见 [英] 安德鲁·坎贝尔、凯瑟琳·萨姆斯·卢克斯编著《战略协同（第2版）》，任通海、龙大伟译，机械工业出版社2000年版，第20页。

③　参见 [英] 安德鲁·坎贝尔、凯瑟琳·萨姆斯·卢克斯编著《战略协同（第2版）》，任通海、龙大伟译，机械工业出版社2000年版，第67页。

④　参见潘开灵、白烈湖《管理协同理论及其应用》，经济管理出版社2006年版，第13页。

⑤　[德] 赫尔曼·哈肯：《协同学——大自然构成的奥秘》，凌复华译，上海译文出版社2005年版，第12页。

体层次所不存在的新的结构。在解释激光产生的原因时，哈肯指出，以前所发表的种种理论都把激光解释为一种放大效应，认为激光器仅仅起了一种放大器的作用。而事实上，激光之所以与普通灯光不同，很重要的是，在激光器里大量原子的发光过程中，发生了系统结构的突变，即在某一瞬间，所有的原子似乎受到"某个精灵"的指引，自发地集体行动起来，形成了单个子系统所不具备的新的宏观结构，系统由无序变为有序。用哈肯的话来说，普通光与激光的区别在于，前者仅仅产生"噪声"，而后者的产生物犹如"小提琴发出的单音"。哈肯的协同观点，不仅强调整体功能的放大，而且注重新的有序结构的产生；不仅在于量的积累，更加注重质的飞跃。

经过物理学、生物学、化学，以及社会科学中大量复杂系统演化过程的验证，协同论的客观性与普适性获得广泛证实，产生了巨大影响，被称为"横断科学的一颗明珠"[1]。随着人类问题的日益全球化、复杂化，传统的线性思维无法给出具有说服力、指导力和预见性的解释。协同学概念及相关理论为认识复杂系统的演化规律提供了重要途径，成为社会科学研究中一种新的视角和方法。

二 "行动—状态—效应"：区域雾霾治理中府际协同的理论内核

本书认为协同概念在本质上主要涉及以下层面，首先，当用于表示主体间合作、集体行动的行为和过程，或表示主体间关系时，协同是一种积极的、广泛的、灵活的、高度融合的合作模式。强调整合实体资源，或共享隐形资源的合作方式。其次，当用于表示主体的存在样态及行为结果时，协同是一种状态，强调部分之间的合作性、集体性和匹配性，是合作程度最高、最和谐的一种状态。其核心特征在于：以共同目标为动机，而非一己私利；不拘泥于具体形式，而在于相互啮合、不可分割。同时，协同更是一种结果，是部分之间相互联系所产生的整体效应或集体效应。这种效应既包括整体功能的放大，也包括产生新的有序结构的质的飞跃；既可来源于组织合并等结构上的根本调整、实体资源的整合和隐形资源的共享，也可来源于一般意义上的关联和协调。各种相互联

---

① 曾健、张一方：《社会协同学》，科学出版社 2000 年版，第 19 页。

系的方式都可能产生协同，判断协同的标准不在于具体的联系形式，而在于是否形成了彼此啮合、相互依存的状态，是否实现了系统功能的放大，或者是否产生了新的有序结构。本书"协同型政府"中的协同概念，即指政府内部各部门之间、政府与其他主体间通过各种关联方式所实现的协同状态和协同效应。此外，协同有时也用于表示一般意义上的集体行动，经常与合作混用，并不对协同行为、协同状态和协同结果进行特别的强调。

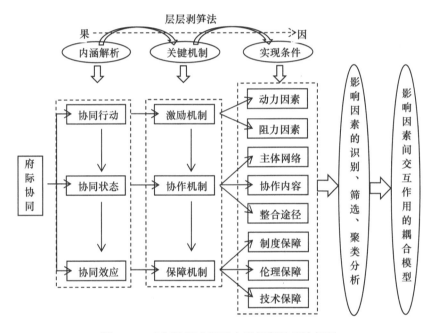

图 2 - 1 府际协同内涵及实现机制的理论阐释

资料来源：笔者自制。

综上所述，尽管府际协同在区域雾霾治理中的突出地位和研究价值已获得认可，但对于雾霾这一复杂公共事务的跨界治理而言，府际协同何以可能的问题还需要深入探讨。在具体研究中，还应进行如下拓展。

一是需要以协同学一般原理为基础，深入协同过程这个"黑箱"内部，深刻了解府际协同的内涵、关键机制、系统变量和组织生成等问题。

二是单纯的文献研究与个案研究都不能保证协同治理模型的普遍性

和解释力，需要整合两种研究，并开发更能印证协同理论和更能保证信度、效度的研究方法。

三是回应雾霾跨域治理的复杂性，需要充分考虑纵向、横向、内外等多层关系的交互影响，对现有丰富但分散的影响因素和研究层次进行系统化的整合研究。

第三章

区域雾霾治理的实践探索

第一节　中国排污治理的总体历程：基于政策变迁的视角

党的二十大提出，要推进美丽中国建设，坚持山水林田湖草沙一体化保护和系统治理，统筹产业结构调整、污染治理、生态保护、应对气候变化，协同推进降碳、减污、扩绿、增长，推进生态优先、节约集约、绿色低碳发展[①]。那么，在此之前，作为生态文明建设重要方面的减排政策走出了怎样的变迁轨迹？是否可挖掘出具有规律性意义的、可供借鉴的经验？又有哪些方面需要反思？在中国经济和社会发展的新模式开启之际，系统总结改革开放以来减排政策的变迁轨迹，挖掘其内在规律，反思其问题和不足，对于深刻理解生态文明建设与经济发展的内在关联，更加科学、理性、有效地回应环境污染问题，具有重要的意义。

一　研究设计

政策科学于 20 世纪 50 年代初兴起，并在发达国家（尤其是美国）长足发展，其理论与方法已日趋成熟。国内政策科学研究尽管起步较晚，但也迅速经历了形成期、发展期，逐渐向成熟期过渡。然而，政策分析是一个系统、多维的复杂科学，不同学者、不同应用目的、不同视角的

---

① 习近平：《高举中国特色社会主义伟大旗帜　为全面建设社会主义现代化国家而团结奋斗——在中国共产党第二十次全国代表大会上的报告》，人民出版社 2022 年版，第 50 页。

政策分析，侧重点及分析框架均有所差异。

从时间维度来看，政策分析通常可分为前瞻性政策分析、回溯性政策分析和综合性政策分析。前瞻性政策分析涉及政策行动开始和执行之前信息的提供和转换，用于确定政策偏好，为最终决策提供依据。回溯性政策分析限于在政策行动采取之后信息的提供和转换。在政策分析功能方面，巴顿指出"政策分析是关于备选政策方案（计划或项目）的技术和经济的可行性、政治的可接受性、执行战略和政策选择结果的系统评估"①。米切尔则认为，人们很少能选定那些一劳永逸、自成一体、所有人都能领会的政策。因此，政策分析的目的不是产生某一种一锤定音的政策建议，而是要帮助人民对现实可能性和期望之间有逐渐一致的认识，产生一种新型的社会互相关系与"社会心理模式"②。可见，前者强调为某一特定决策提供依据，后者则强调加强政策沟通，减轻政策执行中社会心理方面的障碍。总体而言，两种观点都具有一定的功利主义色彩。

从政策分析视角来看，戴维从社会价值分配的角度看待公共政策，认为任何政策都"包含一系列价值分配的决定和行动"③。从这种意义上，公共政策本质上是一种"关系"，既涉及为调节主体间关系进行的政策制定和执行的过程，如利益相关者分析，也包含在这一过程中主体间关系的演化机制，如政策网络分析等。但由于多元主体的行动具有复杂性和高度不确定性，很难细致、准确地观察行动者的行为动机、方式、过程及其结果，因而对利益相关者、政策网络等的分析往往带有较强的主观性。另一种常见的政策分析视角是"内容—过程"二分。内容分析包括"政策将要影响的特定目标或目标集合，期望的特定事件过程，选择的特定行动路线，提出说明意图的特定陈述，以及采取的特定行动"④，即对

---

① Patton, C. V., Sawicki, D. S., *Basic Methods of Policy Analysis and Planning*, New Jersey: Prentice-Hall, 1986, pp. 19 – 20.

② ［美］斯图亚特·S. 那格尔编著：《政策研究百科全书》，林明等译，方韧、白以言审校，科学技术文献出版社1990年版，第17、156、156—157页。

③ David, E., "The Political System: An Inquiry into the State of Political Change", *Ethics*, Vol. 63, 1955.

④ ［美］斯图亚特·S. 那格尔编著：《政策研究百科全书》，林明等译，方韧、白以言审校，科学技术文献出版社1990年版，第17、156、156—157页。

政策意图、过程、行动及其预期的分析。其中，既有集中某一特定政策内容的研究，也有集中某一类政策集合的研究。从政策集合的文本选取来看，既有结构化文本集合的研究，如，王琪、田莹莹分析了历年《政府工作报告》中政府环境治理的注意力变迁的文本，也有非结构化文本集合的研究，如，张国兴等搜集了1978—2013年所有节能减排政策，分析其演变趋势①。但单纯的内容研究主要是静态的，容易忽视政策背景、政策文本、政策效果间的互动过程及相互影响机制。与之相对应的是，政策过程分析包括"一些行动和相互影响，这些行动和相互影响导致了一个最好的特定政策内容作出权威性的最终选择"，"还包括政策的实施结果及对政策的评价"②。但现有的政策过程研究多集中于某一特定政策从进入议程到终结的过程，缺少对政策内容本身的关注，特别是某一类政策文本集合的整合研究。也有学者采用一种跨界思维，在研究创新驱动发展政策时，将政策工具与创新驱动主体维度和创新驱动发展阶段维度进行融合研究，关注政策工具与社会主体及发展阶段间的互动关系③。

　　事实上，从"内容—过程"视角来看，公共政策既是为实现特定政策目标的内容表达，也可以理解为政策情境、政策表达、政策结局相互影响的动态过程。整合内容和过程两种思维，建立政策集合与政策情境、结局之间的互动关系和对话机制，是政策分析创新的重要目标之一。对此，哈杰提出了"话语联盟"和"故事情节"两个概念来解释话语的维系或转变④。其中，话语联盟主要基于主体间关系的视角，故事情节则体现了政策内容与过程整合的视角。故事情节，即"关于社会现实的叙事，

　　①　王琪、田莹莹：《中国政府环境治理的注意力变迁——基于国务院〈政府工作报告〉（1978—2021）的文本分析》，《福建师范大学学报》（哲学社会科学版）2021年第4期；张国兴、高秀林、汪应洛等：《中国节能减排政策的测量、协同与演变——基于1978—2013年政策数据的研究》，《中国人口·资源与环境》2014年第12期。

　　②　［美］斯图亚特·S.那格尔编著：《政策研究百科全书》，林明等译，方轫、白以言审校，科学技术文献出版社1990年版，第17、156、156—157页。

　　③　李良成：《政策工具维度的创新驱动发展战略政策分析框架研究》，《科技进步与对策》2016年第11期。

　　④　参见张海柱《环境政策论争的话语分析——以PM2.5争议与环境空气质量标准修订为例》，《太平洋学报》2012年第6期。

它能够将来自不同领域的零散要素结合在一起，成为行动者用以表明共同理解的象征性参考"①。"故事情节是话语联盟形成和产生影响的关键和纽带。共享着故事情节的话语联盟是具体的央地互动的话语产品，并影响着特定的话语实践。"②

　　本书将公共政策理解为"作为政策主体的国家（或政府）在不断变迁的情境下，通过一定量和一定结构的话语集合实现政策表达，以调整其行动策略，并实现特定政策结局的周而复始的过程"。图 3-1 表明，政策情境既包括客观的情境存在及其变化，也包括对情境存在的主观认知；政策表达既表现为核心政策（结构化文本）的话语基调，也表现为与特定政策议题相关的政策集合（非结构化的文本集合）；政策结局既需要从时间维度上考量，也需要从效果维度上加以考量。需要指出的是，本书的研究目的不在于"为某一特定决策提供依据"，也不在于"形成逐渐一致的认识"，而是希望通过呈现政策情境、政策表达、政策结局三者的互动过程，集中探讨如下问题：改革开放以来，我国的减排政策变迁表现出怎样的历时性特征？这些特征是否符合理论模型中所描述的"情境—表达—结局"的基本模式？从政策结局的时间和效果维度来看，如何认识这一模式的合理性及其局限？在"十四五"时期乃至未来更长的时期，应如何突破这些局限，更有效地回应环境污染问题对我国经济社会发展带来的重大挑战？从时间维度上，本书不属于单纯的前瞻性或回溯性研究，而是综合了政策行动之前和之后信息提供和转换的分析者操作模式③。从政策研究视角来看，本书不是单纯的政策内容研究或政策过程研究，而是希望建立内容与过程间的互动关系，更加全景和动态地反映政策变化的客观规律，评价政策得失。

　　由于从情境到结局再到情境，是一个周而复始的过程，政策结局既是上一周期政策表达的结果，又成为下一周期的政策情境。故本书的变量观测集中于两个方面，一方面，挖掘改革开放以来中国减排政策话语

① Hajer, M. A., *The Politics of Environmental Discourse: Ecological Modernization and the Policy Process*, New York: Clarendon Press, 1995, p. 62.

② 王路昊、庞莞菲、廖力：《试验与示范：国家自主创新示范区建设中的央地话语联盟》，《公共行政评论》2023 年第 1 期。

③ 谢明：《政策分析的主要类型及其评述》，《北京行政学院学报》2012 年第 3 期。

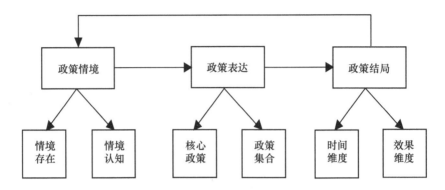

图 3 - 1 基于"情境—表达—结局"的政策分析框架

资料来源：笔者自制。

表达的历时性变化特征，即针对减排政策本身的文本挖掘。为了保证政策文本的整体性和结构化，本书以改革开放以来的"五年规划"为线索，以"五年规划"作为每一阶段的核心政策，以每一个"五年规划"期间与减排高度相关的全国性政策为政策集合。其中，政策集合的获取途径是万方数据库、中国政府网，以"六五"计划以来每一个"五年规划"的起止时间为界限，集中搜集每一时段内，国务院发布的、与减排相关的政策文本。另一方面，对改革开放以来中国减排政策情境及政策结局进行历时性追溯。其信息获取途径是国家环境保护部①发布的《年度环境公报》，通过数据挖掘重点考察污水、废气（二氧化硫、烟尘）、固体废弃物排放量的时区分布特征。

从研究工具选取来看，本书主要采用公共政策内容分析的主要工具——文本挖掘。文本挖掘，通常包括定量分析、定性分析和综合分析方法。定量分析主要以关键词频次计算为基础，或通过关键词共现形成聚类和时区视图，以展现某一时期政策热点，或通过涌现术语分析形成突变词列表，以展现某一时期新兴趋势的骤然变化。定性分析则主要将公共政策作为一种话语表达，运用语义学的基本原理对公共政策进行话语分析。本书中的定性分析部分与通常所认为的政策话语分析类似，主

---

① 2018 年 4 月，新组建的生态环境部正式挂牌，原环境保护部职能主要由生态环境部承担。各省（市）环保厅（局）陆续更名为生态环境厅（局）。本书中使用的"环境保护部""生态环境部""环保厅""生态环境厅""环保局""生态环境局"等根据语境出现的时间确定。

要考察减排政策的话语结构性、指向性（或议题）、情感取向等的时区分布状态。不同的是，本书中的政策文本定量分析，不是基于政策本身的关键词频次统计，而是在政策情境和政策结局相关数据做描述统计的基础上生成时区视图。

二　政策表达的文本挖掘及其结果分析

"国民经济和社会发展'五年规划（计划）'纲要"（以下简称"五年规划"）是从战略层面规划经济与社会发展的阶段性目标，有效回应突出问题与阶段性矛盾的重要抓手。改革开放以来，中国共经历了从"六五"计划到"十三五"规划，共 8 个"五年规划"时期。其间，国务院为发文机关，颁布了与减排高度相关的政策文本共计 37 件。

（一）核心政策的话语基调分析

课题组以"六五"计划至"十三五"规划共 8 个"五年规划"为文本，通过机器搜索与人工筛选相结合，摘取了与减排高度相关的政策话语（与"环境污染""污染物排放""环境治理""环境监测""流域治理""大气污染""固体废弃物污染治理""节能减排"等有关的段落或句子），共计 4861 字。按历时结构整理成表（由于篇幅限制，表格未在文中呈现），通过分析其话语的规模、结构化、指向性及其情感等，直观展现改革开放以来，有关减排政策的核心话语基调。

1. 话语规模基本呈现拓展趋势

"六五"计划中，减排字数共计 387 字，占计划总字数的 1.57%；"七五"计划和"八五"计划两个"五年规划"中，减排字数及其占当次计划的比例有所减少，分别为 115 字（占 0.71%）和 300 字（占 0.85%），之后呈现明显的递增趋势；特别是"十一五"规划、"十二五"规划和"十三五"规划中减排字数及其所占比例上升趋势尤为明显，分别为 1034 字（占 1.96%）、1024 字（占 2.01%）和 1188 字（占 1.85%）。

2. 话语结构化程度基本呈现逐渐增强趋势

"六五"计划中的减排话语仅呈现为一段；"七五"计划中只有散在的句子；"十一五"规划、"十二五"规划和"十三五"规划中则细分为水污染、大气污染、固体废弃物污染等若干段落，并单独列出加强环保的制度措施。

3. 话语指向性逐渐增强

"六五"计划中只笼统地提到"环境""保护""污染"等概念,"十一五"规划、"十二五"规划和"十三五"规划中则明确指出流域污染(水污染)、大气污染、二氧化硫污染、固体废弃物污染等。

4. 话语情感逐渐增强

前几个"五年规划"中只表现为一般意义上的"加强","十一五"规划、"十二五"规划和"十三五"规划中开始出现"加大""力度""深入"等用词。

(二) 政策集合的规模及指向性分析

从国家层面上减排政策的数量变化来看,"六五"计划至"八五"计划期间,国务院未发布专门的减排政策;"九五"计划期间国务院发布专门减排政策文件3份,"十一五"规划期间减排政策的数量达到峰值(16份),"十二五"规划期间有所回落(10份),"十三五"规划期间又有所减少(4份),其中减排政策数量最多的年份是2007年(6份)。这一变化特征与核心政策话语基调分析中所展现的,与减排有关的话语规模、结构化程度等分析结果相吻合。

从表3-1可见,从政策议题时区分布来看,"九五"计划和"十五"规划期间,减排政策以水污染和流域污染防治政策为主。除1998年颁布酸雨控制和二氧化硫污染防治文件、1999年和2005年未颁布减排政策之外,1996—2006年国务院几乎每年颁布一项有关流域或水污染防治政策。"十一五"规划期间,国务院颁布的减排政策多是以应对气候变暖和控制温室气体排放为重点的节能减排政策。"十二五"规划期间国务院颁布的减排政策则更多以大气污染防治为主题。"十三五"规划期间国务院颁布的减排政策则更多以应对气候变化和综合性节能减排为主题。以固体废弃物为主题的减排政策仅有2007年《关于限制购买和使用塑料购物袋的通知》和2011年《转批住房城乡建设部等部门关于进一步加强城市生活垃圾处理工作意见的通知》。

表 3 - 1　　　　　　1996—2020 年中国减排政策及议题分布

年份	政策主题	水（流域）污染	二氧化碳	温室气体	大气污染	节能减排	固体废弃物
2020	关于修改《节能减排补助资金管理暂行办法》的通知					●	
2019	关于调整国家应对气候变化及节能减排工作领导小组组成人员的通知					●	
2018	关于调整国家应对气候变化及节能减排工作领导小组组成人员的通知					●	
2016	关于印发"十三五"节能减排综合工作方案的通知					●	
2015	关于印发水污染防治行动的通知	●					
2014	关于印发 2014—2015 年节能减排低碳发展行动方案的通知					●	
2014	关于节能减排工作情况的报告					●	
2014	关于印发大气污染防治行动计划实施情况考核办法（试行）的通知				●		
2013	关于转发环境保护部"十二五"主要污染物总量减排考核办法的通知					●	
2013	关于印发大气污染防治行动计划的通知				●		
2013	关于加强内燃机工业节能减排的意见					●	
2011	关于印发"十二五"节能减排综合性工作方案的通知					●	
2011	关于印发"十二五"控制温室气体排放工作方案的通知			●			
2011	批转住房城乡建设部等部门关于进一步加强城市生活垃圾处理工作意见的通知						●
2010	关于进一步加大工作力度确保实现"十一五"节能减排目标的通知					●	
2010	关于进一步加大节能减排力度加快钢铁工业结构调整的若干意见					●	

年份	政策主题	水（流域）污染	二氧化碳	温室气体	大气污染	节能减排	固体废弃物
2010	转发环境保护部等部门关于推进大气污染联防联控工作改善区域空气质量指导意见的通知				●		
2009	关于大气污染防治工作进展情况的报告				●		
	关于应对气候变化工作情况的报告			●			
	关于印发2009年节能减排工作安排的通知					●	
2008	关于水污染防治工作进展情况的报告	●					
	关于印发2008年节能减排工作安排的通知					●	
	转发环保总局等部门关于加强重点湖泊水环境保护工作意见的通知	●					
2007	批转节能减排统计监测及考核实施方案和办法的通知					●	
	关于印发节能减排综合性工作方案的通知					●	
	关于节约能源保护环境工作情况的报告					●	
	关于印发中国应对气候变化国家方案的通知			●			
	关于严格执行公共建筑空调温度控制标准的通知			●			
	关于限制生产销售使用塑料购物袋的通知						●
2006	关于当前水环境形势和水污染防治工作的报告	●					
2004	关于加强淮河流域水污染防治工作的通知	●					
2003	关于淮河流域水污染防治"十五"计划的批复	●					
2002	关于巢湖流域水污染防治"十五"计划的批复	●					
2001	关于太湖水污染防治"十五"计划的批复	●					
2000	中华人民共和国水污染防治法实施细则（2000）	●					

年份	政策主题	水（流域）污染	二氧化碳	温室气体	大气污染	节能减排	固体废弃物
1998	关于酸雨控制区和二氧化硫污染控制区有关问题的批复				●		
1996	关于淮河流域水污染防治规划及"九五"计划的批复	●					

资料来源：笔者自制。

三 政策情境和结局的文本挖掘及其结果分析

中华人民共和国生态环境部网站自 1998 年起，逐年公布"年度环境公报"。这是能够追溯污染物排放量历时性变化特征的权威数据来源。且这一时间节点恰好吻合了中国自"九五"计划以来减排政策的数量逐渐增多，话语规模、结构化和情感逐渐增强的趋势。在这些污染物排放数据中，本书重点分析污水、固体废弃物和废气（以二氧化硫和烟尘为代表）的排放量变化特征，以分析政策表达与政策情境、政策结局之间的互动关系。

（一）污水排放量变化趋势分析

污水排放总量通常以工业污水排放量和城镇生活污水排放量之和来计算。全国污水排放总量由 1998 年的 395.3 亿吨上升到 2015 年的 735.3 亿吨，其间呈逐年上升的趋势，在 2015 年后有所下降。具体来看，工业污水排放量自 1998 年开始逐年上升，在 2007 年达到峰值（246.6 亿吨），随后呈现下降趋势。城镇生活污水排放量呈逐年上升趋势，以 2007 年为时间节点，之后每年上升幅度较之前大，但是在 2015 年之后有所下降。同时，城市生活污水排放量与全国污水排放总量的变化趋势相当。可以认为，2007 年以来中国工业污水排放总量得到了一定程度的控制，而城镇生活污水排放量也在 2015 年后得到一定控制。

（二）固体废弃物排放量变化趋势分析

工业产生的固体废物主要有以下四种处理方式：综合利用、贮存、处置、倾倒丢弃。一般工业固体废物的产生量总体呈上升趋势，1998 年至 2011 年上升幅度逐年增大，2011—2015 年逐渐趋于平稳，在经过 2016 年的短暂下降后，2017—2020 年呈现明显的波动上升趋势。一般工业固体废弃物综合利用量的变化趋势在 1998—2011 年与固体废物产生量的变动趋势有较大相似性，在 2011 年之后趋于平稳，且在对工业固体废物的四种处理方式中占有较大比重。一般工业固体废物贮存量的变化趋势也具有阶段性特征，2010 年之前处于较低水平，2011 年贮存量大幅增加，之后呈波动式上升。一般工业固体废物处置量总体呈上升趋势。一般工业固体废物倾倒丢弃量呈现较明显的下降趋势。工业固体废物的四种处理方式对废物处理的贡献额度从高到低依次为综合利用、处置、贮存和倾倒丢弃。

（三）二氧化硫排放量变化特征分析

二氧化硫排放总量通常以工业二氧化硫排放量和城镇生活二氧化硫排放量之和来计算。总体上看，中国二氧化硫排放总量呈先上升后下降的趋势，以 2000 年为初始基准值（1995.1 万吨），2006 年达到峰值（2588.8 万吨），2014 年回落到与初始基准值相当的水平（1974.4 万吨），2015—2020 年中国二氧化硫排放量逐年递减，2020 年全国二氧化硫排放量降低到 318.2 万吨，同比下降 30.42%。工业二氧化硫排放量走势与二氧化硫排放总量走势基本相似。城镇二氧化硫排放量较工业二氧化硫排放量小，总体呈下降趋势，由 1998 年的 497 万吨下降到 2020 年的 64.8 万吨。可见，二氧化硫排放总量的变动趋势主要与工业二氧化硫排放量高度相关，城镇生活二氧化硫排放量对二氧化硫排放总量影响不大。

（四）烟（粉）尘排放量变化特征分析

烟（粉）尘排放总量由工业烟（粉）尘排放量和城镇生活烟（粉）尘排放量加总得到。烟（粉）尘排放总量的变化趋势呈现鲜明的阶段性特征，但总体上呈下降趋势。1998—2005 年缓慢下降；2006 年出现了一次较大幅度的下降；2007 年短暂回升后再次呈下降趋势；2013—2014 年出现较大幅度上升（由 1234.3 万吨上升到 1740.8 万吨）；2015 年之后呈波动式下降趋势，到 2020 年约降至 611.4 万吨。工业烟（粉）尘排放量变化趋势与烟（粉）尘排放总量变化趋势相似。相比之下，城镇生活烟（粉）尘排放量保持在较低水平，变化幅度也比较小。可见，烟尘排放总量受到工业烟尘排放量的影响较大。

四 结论与反思

整合"六五"计划至"十三五"规划期间政策表达与政策情境、政策结局的文本挖掘结果，可以得出如下结论。

首先，改革开放以来，中国减排政策的变迁历程基本符合"情境—表达—结局"的一般规律。从减排政策与"环境年度公报"中污染物排放情况的对比来看，可以将中国减排政策的故事情节表述为"流域污染、酸雨、全球气候变暖、雾霾等情境存在，引发了政策行动者的情境认知；情境认知激发了为改变情境而作出的政策表达；政策表达对政策结局产生了影响，证明了政策表达的有效性"。这一结论至少说明，一是中国减排政策基本上朝着回应污染物排放变化趋势和基本要求的方向努力；二是中国减排政策的制定和实施对控制污染物排放起到非常积极的作用。例如，8 个"五年规划"中减排政策规模逐渐扩大，结构化程度、指向性及其情感逐渐增强，体现了国家对控制污染物排放的重视程度逐渐加强。从 8 个"五年规划"期间国务院颁布的减排政策目录及其反映的侧重点来看，酸雨及二氧化硫污染防治政策出台，回应了 20 世纪末中国酸雨污染频发的情况；1996—2006 年，有关流域或水污染防治的政策，与污水排放量呈现逐年增加趋势，以及相关报道中显示的各大主要流域相继发生严重污染的形势密切相关；"十一五"规划期间，政策转向以应对气候变暖和控制温室气体排放为重点的"节能减排"政策，与全球气候变暖、联合国气候大会等重大事件密切相关；等等。从减排政策的效果来看，污水、二氧化硫等污染物排放量的上升趋势，经过一段时间的努力，得到基本控制或转而下降。

其次，在时效性方面，情境认知、政策表达及其所带来的政策结局的即时性和延滞性是相对的而非绝对的。换句话说，尽管政府力图及时、有效地回应污染物排放及环境污染的恶化趋势，但从情境存在到情境认知，从情境认知到政策表达，从政策表达到政策结局，每个环节中都可能存在时间延滞。以二氧化硫排放政策及其治理效果为例，尽管国务院在 1998 年出台了有关酸雨和二氧化硫污染的政策文件，但二氧化硫排放量还是经历了持续上升趋势阶段，历经长达 14 年的时间才得到控制。

2014 年二氧化硫排放量才回到 2000 年的水平。在"情境—表达—结局"的一般规律下，"先污染、后治理"这一困局的存在具有一定的客观性。

再次，需要注意的是，旧的情境存在尚未彻底改观，新的情境存在又会出现并与旧的情境存在叠加，增加了情境认知和政策表达的难度。结合媒体报道，不难发现，全球气候变暖趋势仍未得到有效控制，流域污染问题仍未得到彻底解决，以雾霾为主的大范围空气污染问题又摆在面前。这提示我们，面对新旧情境的叠加，必须正确认识并超越"情境—表达—结局"的惯性模式，深入思考如何对情境存在作出预判，努力绕开"先污染、后治理"的困局。正如陈庆云所言，"尽管公共政策是针对现实问题提出的，但它们是对未来发展的一种安排与指南，必须具有预见性"[①]。为此，公共治理领域和技术创新领域的理论和实践需要更具前瞻性思维，需要充分利用发展中国家的后发优势，深入研究发达国家工业化和城镇化道路中环境污染的一般规律，对可能出现的污染有先验性和预见性。

最后，还必须客观看待公共政策表达效果的有限性，正确理解公共政策的能与不能。面对日益严峻的环境治理危机，公共政策并非万能。政策表达与情境存在之间经历着常态化的博弈过程，即在政策情境存在发生变化的总体趋势下，需要反思政策表达在多大程度上起到了干预的作用。以污水排放为例，尽管工业污水排放得到了明显控制，但污水排放总量仍然在之后的几年间呈现持续增加趋势，这是因为随着人口增长和城镇化进程加快，城镇生活污水排放量呈现增加趋势。这说明，在快速工业化和城镇化的总体趋势下，尽管有关减排的政策表达在一定程度上起到了干预作用，但其政策效率和效果很可能是有限的。为此，不能仅将环境污染治理寄希望于公共政策，还应从根本上把握政策情境的变化规律和发展趋势，主动调整发展思路，改变政策情境的发生趋势，而不是以政策表达被动回应政策认知，以政策认知被动回应情境存在。

---

① 陈庆云主编：《公共政策分析》（第二版），北京大学出版社 2011 年版，第 12 页。

第二节　中国区域大气污染的总体形势

一　中国区域大气污染概况

随着工业化与城市化的快速发展，以煤炭为主的能源结构和以重工业为主的产业结构致使中国出现严重的大气污染问题[1]。特别是在 2013 年，全国遭遇史上最严重的雾霾天气，雾霾波及 25 个省份，100 多个大中型城市，全国平均雾霾天数达 29.9 天，创 52 年来之最[2]。自此，"雾霾""PM2.5""红色预警"等专业词汇进入大众视野，引发社会各界的广泛关注与讨论，以致时任环保部部长直言"感到不安，不敢懈怠"[3]。

（一）京津冀及周边地区

京津冀及周边地区作为中国雾霾污染的"重灾区"，近年来空气质量虽有所改善，平均空气质量优良天数比例已从 2013 年的 37.50% 上升至 2020 年的 63.50%（见图 3-2），但总体来看，雾霾污染问题依旧不能忽视，空气质量"不容乐观"。

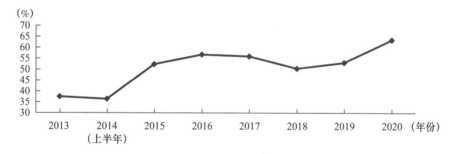

图 3-2　2013—2020 年京津冀及周边地区平均空气质量优良天数比例变化

资料来源：根据"2013—2020 年中国生态环境状况公报"整理而成。

---

[1]　陈庆云主编：《公共政策分析》（第二版），北京大学出版社 2011 年版，第 12 页。

[2]　陈诗一、张云、武英涛：《区域雾霾联防联控治理的现实困境与政策优化——雾霾差异化成因视角下的方案改进》，《中共中央党校学报》2018 年第 6 期；《2013 年全国遭史上最严重雾霾天气　创 52 以来之最》，央广网（http://travel.cnr.cn/2011lvpd/gny/201312/t20131230_514523867.shtml）。

[3]　姚冬琴：《三任环保部长在两会上说了啥》，《中国经济周刊》2015 年第 9 期。

从表3-2可见，京津冀及周边地区污染物主要集中为——PM2.5、PM10、SO₂、NO₂、CO、O₃，且以PM2.5、PM10和O₃污染最为严重。自2013年以来，除O₃外，其余5种污染物浓度均呈下降趋势，但就绝对值而言，依然"数值爆表"。

表3-2　　　　2013—2020年京津冀及周边地区污染物浓度概览

单位：（CO：毫克/米³，其他：微克/米³）

年份	PM2.5	PM10	SO₂	NO₂	CO	O₃
2013	106	181	69	51	—	—
2014	93	158	52	49	3.5	162
2015	77	132	38	46	3.7	162
2016	71	119	31	49	3.2	172
2017	64	113	25	47	2.8	193
2018	60	109	20	43	2.2	199
2019	57	100	15	40	2.0	196
2020	51	87	12	35	1.7	180

资料来源：根据"2013—2020年中国生态环境状况公报"整理而成。

究其原因，京津冀及周边地区雾霾天气形成的条件主要有三。一是地理环境。京津冀地区西部、北部分别为太行山脉和燕山山脉，地势较高；而东部、南部则临渤海、接平原，地势平坦，总体呈现西北高、东南低的地形特点。在风力强大时，污染物会顺"势"向南驱散，"刮"出一个蓝天；而在风力微弱时，"强弩之末，势不能穿鲁缟"，污染物会大范围累积、无法疏散，从而造成严重的雾霾天气。二是工业污染。北京、天津、河北、河南、山西、山东6省市占全国面积的7.2%，却消耗了全国约1/3的煤炭，排放强度是全国平均水平的4倍左右。可见，以煤炭为主的能源结构和以重工业为主的产业结构，使京津冀地区工业污染物高强度、大范围排放，远远超过区域环境的承载能力，从而致使区域内污染物持续堆积，雾霾天气频繁出现。三是汽车尾气。近年来，京津冀及周边地区汽车保有量迅速增加，机动车排放的污染物已成为区域大气污染物中PM2.5的重要来源。北京市生态环境局发布的PM2.5来源解析结果显示，在北京市 PM2.5 的来源中，区域污染占 42% 左右，而在本地来源中，机动车的排放约占 PM2.5 来源的 28%[①]。

（二）长三角地区

2013 年，长三角地区开始迎来大范围的雾霾天气，"驻足"长达 9 天的雾霾污染，使三省一市纷纷亮起"橙色预警"。与京津冀及周边地区相比，长三角地区的雾霾污染较轻，且空气质量日渐好转（见图 3-3）。但是，近年来雾霾天气仍"时时造访"长三角地区，给当地居民的工作、生活及身心健康造成极大的安全隐患。

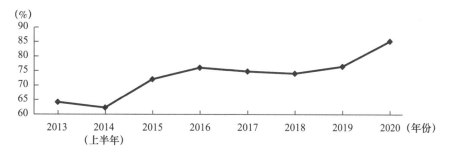

图 3-3　2013—2020 年长三角地区平均空气质量优良天数比例变化

资料来源：根据"2013—2020 年中国生态环境状况公报"整理而成。

从表 3-3 可见，长三角地区污染物主要集中为——PM2.5、PM10、SO_2、NO_2、CO、O_3，且以 O_3、PM2.5、PM10 和 NO_2 污染最为严重。《2020 年中国生态环境状况公报》显示，长三角地区超标天数中，以 O_3、PM2.5、PM10 和 NO_2 为首要污染物的天数分别占总超标天数的 48.2%、42.9%、8.9% 和 0.2%，未出现以 SO_2 和 CO 为首要污染物的污染天[②]。自 2013 年以来，除 O_3 外，其余 5 种污染物浓度均呈下降趋势，但就绝对值而言，仍"不容乐观"。

---

① 《北京市现阶段大气 PM2.5 来源解析结果新闻发布会》，北京市生态环境局网站（https://sthjj. beijing. gov. cn/bjhrb/index/xxgk69/zfxxgk43/fdzdgknr2/ywdt28/xwfb/11125977/）。

② 《2020 年中国生态环境状况公报》，中华人民共和国生态环境部网站（https://www. mee. gov. cn/hjzl/sthjzk/zghjzkgb/202105/P020210526572756184785. pdf）。

表 3 – 3　　　　　　　2013—2020 年长三角地区污染物浓度概览

单位：（CO：毫克/米^3，其他：微克/米^3）

年份	PM2.5	PM10	SO$_2$	NO$_2$	CO	O$_3$
2013	67	103	30	42	—	—
2014	60	92	25	39	1.5	154
2015	53	83	21	37	1.5	163
2016	46	75	17	36	1.5	159
2017	44	71	14	37	1.3	170
2018	44	70	11	35	1.3	167
2019	41	65	9	32	1.2	164
2020	35	56	7	29	1.1	152

资料来源：根据"2013—2020 年中国生态环境状况公报"整理而成。

　　上海市环保局公布的 PM2.5 来源解析结果显示，本地污染排放占 64%—84%，平均约为 74%。本地排放源中，流动源（包括机动车、船舶、飞机、非道路移动机械等燃油排放）占 29.2%，工业生产占 28.9%，燃煤占 13.5%，扬尘占 13.4%，另有农业生产、生物质燃烧、民用生活面源及自然源等占 15%[1]。南京市生态环境局公布的 PM2.5 来源解析结果显示，南京的 PM2.5 主要污染源有汽车尾气、工业排放、二次污染、燃煤排放、扬尘等，其中尾气污染占比最大，为 29.7%，其次是扬尘污染，占比 17.7%[2]。据杭州市最新一轮 PM2.5 来源解析结果，移动源排放对空气中 PM2.5 的贡献占 35.6%，高于工业源、扬尘源，稳居第一位[3]。宁波市的 PM2.5 来源解析研究结果表明，其 PM2.5 年均浓度受本地源影响约 62%，而本地来源中，工业源占 42.3%、移动源（含非道路移动机械）排放占 24.2%、扬尘源占 14.8%，生活源及其他来源（农业

①　叶健：《上海 PM2.5 来源中本地污染排放占 74%》，中央政府门户网站（http://env. people. com. cn/n/2015/0107/c1010 – 26344640. html）。

②　宁环轩：《南京市空气污染物溯源数据出炉　三成 PM2.5 来自汽车尾气超过燃煤排放》，扬子晚报网（https://news. yangtse. com/content/1092184. html）。

③　《杭州市重点领域机动车清洁化现场推进会召开》，杭州市生态环境局网站（https://epb. hangzhou. gov. cn/art/2021/4/30/art_1692260_59021944. html）。

等）占 18.7%[①]。根据《金华市大气环境质量限期达标规划》，其 PM2.5 本地污染来源中，扬尘源和固定燃烧源分担率最大，分别占比 34.4% 和 30.0%，其中固定燃烧源主要来自非金属建材、金属冶炼和纺织业等炉窑的排放[②]。由此可见，对于长三角地区来说，不同地区的首要污染源虽稍有不同，但机动车、工业、扬尘和燃煤是造成雾霾天气的主要"元凶"。

（三）珠三角地区

位于南方的珠三角地区与京津冀及长三角地区相比，其雾霾污染程度较轻、时间较短，且近年来，平均空气质量优良天数比例均达到 80% 以上（见图 3 – 4）。

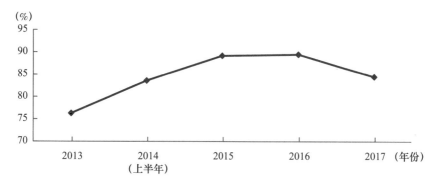

图 3 – 4　2013—2017 年珠三角地区平均空气质量优良天数比例变化

资料来源：根据"2013—2017 年中国生态环境状况公报"整理而成。

从表 3 – 4 可见，珠三角地区污染物主要集中为——PM2.5、PM10、SO_2、NO_2、CO、O_3，且以 O_3、PM2.5、PM10 和 NO_2 污染较为严重。《2017 年中国生态环境状况公报》显示，珠三角地区超标天数中，以 O_3、PM2.5 和 NO_2 为首要污染物的天数分别占污染总天数的 70.6%、20.4% 和 9.2%，未出现以 PM10、SO_2 和 CO 为首要污染物的污染天[③]。

---

① 郑玉芳：《宁波市环境空气质量状况及大气污染防治情况新闻通报》，中国宁波网（http：//www. cnnb. com. cn/nbzfxwfbh/system/2019/01/10/030018332. shtml）。

② 《金华市人民政府办公室关于印发金华市大气环境质量限期达标规划的通知》，金华市人民政府网站（http：//www. jinhua. gov. cn/art/2019/6/21/art_1229493471_1741715. html）。

③ 《2017 年中国生态环境状况公报》，中华人民共和国生态环境部网站（https：//www. mee. gov. cn/hjzl/sthjzk/zghjzkgb/201805/P020180531534645032372. pdf）。

表 3 - 4　　　　2013—2017 年珠三角地区污染物浓度概览

单位：（CO：毫克/米³，其他：微克/米³）

年份	PM2.5	PM10	SO$_2$	NO$_2$	CO	O$_3$
2013	47	70	21	41	—	—
2014	42	61	18	37	1.5	156
2015	34	53	13	33	1.4	145
2016	32	49	11	35	1.3	151
2017	34	53	11	37	1.2	165

资料来源：根据"2013—2017 年中国生态环境状况公报"整理而成。

　　珠三角地区 PM2.5 的主要污染源为机动车排放。广州市 2020 年 PM2.5 来源解析结果显示：2020 年 PM2.5 来源中移动源占 31.9%（其中机动车源占 16.1%），面源（农业、生活等）占 20.6%，生物质燃烧占 12.3%，燃煤源占 10.7%，自然源占 9.2%，扬尘源占 5.9%，工业工艺源占 5.8%；2021 年 PM2.5 来源占比排前三的分别是移动源、工业源、面源，分别占 29.8%、20.1% 和 18.5%，其中移动源中的机动车源占 PM2.5 来源的 16.0%[①]。根据深圳市大气 PM2.5 来源解析研究，机动车排气污染是最主要的大气 PM2.5 来源，约占 41%；其他主要源包括扬尘（12%）、工业 VOC 转化（11%）、其他工业过程（4%）、远洋船舶（11%）、电厂（8%）和生物质燃烧（3%）等[②]。

第三节　常态下雾霾治理的政策及其效力

一　雾霾治理的政策梳理

（一）阶段划分及代表性政策

本书按照京津冀雾霾治理的进程，将 1988—2020 年总体分为 1988—

---

　　① 《广州市发布 2020 年度 PM2.5 来源解析成果》，广州市生态环境局网站（http://sthjj. gz. cn/gzdt/content/post_8102000. html）；《广州发布 2021 年度 PM2.5 来源解析成果，机动车尾气占比最高》，广州市生态环境局海珠分局网站（http://www. haizhu. gov. cn/gzhzhj/gkmlpt/content/8/8726/mpost_8726973. html#2389）。

　　② 《〈2018 年"深圳蓝"可持续行动计划〉政策解读》，深圳市人民政府门户网站（http://www. sz. gov. cn/zfgb/zcjd/content/post_4981727. html）。

2007 年、2008—2012 年以及 2013—2020 年三个阶段。

1987 年，我国制定了首部大气污染防治法律《中华人民共和国大气污染防治法》。次年，北京市率先就如何实施该法律进一步颁布《北京市实施〈中华人民共和国大气污染防治法〉条例》，表现出了对大气污染治理工作的重视。

2008 年，中国举办了举世瞩目的奥运会，保证奥运会期间的环境质量特别是空气质量是北京市及其周边地区政府的重要工作任务之一。为了保证奥运会期间的空气质量，中国首次突破行政区划的限制，推动建设京津冀及周边地区大气污染联防联控机制。在中央的大力推动和京津冀及其周边城市的共同努力下，奥运期间的大气污染得到了有效的控制。但是，奥运会期间京津冀及其周边地区实施统一的区域联防联控机制的特定活动，由于持续时间短，因此治理效果也是暂时的，并不能达到空气质量持续改善的目的。奥运会之后，与奥运会同期监测结果相比，北京及周边地区一次污染物除二氧化硫之外均出现了较大幅度的反弹。

2013 年，国务院出台《大气污染防治行动计划》（简称"国十条"），其中，第二十六条"建立区域协作机制"明确提出，"建立京津冀、长三角区域大气污染防治协作机制，由区域内省级人民政府和国务院有关部门参加，协调解决区域突出环境问题，组织实施环评会商、联合执法、信息共享、预警应急等大气污染防治措施"。"国十条"的出台，进一步从政策上为京津冀区域大气污染联防联控机制的建立奠定了基础，使京津冀大气污染治理区域协同进入了一个新的阶段。

根据政策力度、政策目标和政策措施，结合专家对政策的解读，笔者列出了阶段性代表政策（见图 3 – 5）。

（二）发文主体及数量

1979 年，中国出台了《中华人民共和国环境保护法》。自此之后，环境保护开始成为国家治理中的一项重要工作。1987 年，国务院出台了《中华人民共和国大气污染防治法》，作为一项专门针对大气污染治理的政策文件，显示了中央对大气污染治理工作的重视和关注；而 2000 年修订的《中华人民共和国大气污染防治法（2000 年修订）》，其中"各地方人民政府必须将大气环境保护工作纳入国民经济和社会发展计划，地方各级人民政府对本辖区的大气环境质量负责"的要求，更为全国大气污

图 3-5　阶段性代表政策

资料来源：笔者自制。

染防治工作拉开序幕。中央对大气污染防治工作的重视以及京津冀大气污染问题的存在促使京津冀三地制定并出台大气污染防治政策。

京津冀三地大气污染治理政策的出台也呈现较明显的阶段性特征。

梳理京津冀三地政府颁布的大气污染治理政策文本，筛选形成了京津冀三地各自的政策列表，共 105 项政策文件。按照三个阶段整理发现，第一阶段也就是 1988—2007 年，北京政策文本数量 15 件，天津 9 件，河北 1 件；第二阶段也就是 2008—2012 年，北京政策文本 6 件，天津 3 件，河北 1 件；第三阶段也就是 2013—2020 年，北京的政策文本 29 件，天津 22 件，河北 19 件（见图 3-6）。

从发文数量上看，京津冀大气污染治理政策的颁布随时间的变化呈现一些特征：首先，虽然时间跨度是 1988—2020 年，但政策主要集中在 2013 年之后。1988—2007 年，北京市、天津市和河北省开始对大气污染问题有所关注，地方政府开始着力出台各自的大气污染治理政策，但出台的大气污染治理政策数量还相对较少，多是基于中央政策的纵向执行和响应。2007 年，京津冀地区出台的大气污染治理政策有所增加。2008—2012 年，受到举办奥运会的影响，京津冀大气污染治理政策出台

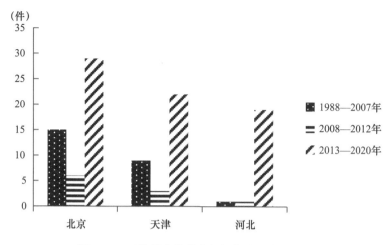

图3－6　三阶段京津冀大气污染治理政策数量

资料来源：根据京津冀三地政府网站整理得出。

达到一个小高峰。之后的2013—2020年是京津冀区域大气污染治理政策制定和出台的密集时期。这一阶段不管是政策数量还是政策颁布的频率都呈现一种相对活跃的状态。与2008年奥运会带来的高潮不同，2013年之后，京津冀地区出台的大气污染治理政策能够平稳保持在较高的数量水平。

此外，不难看出，在政策数量方面，每个阶段北京市、天津市和河北省三地在大气污染治理政策总数方面还是存在相当明显的差异。其中，北京市作为首都城市，出台的大气污染治理政策最多，每年都远远多于河北省、天津市的政策数量。

（三）关键词词频统计

梳理京津冀三地三个阶段的雾霾治理政策，进一步结合词频分析，可以反映京津冀三地协同意识的阶段变化。

词频分析的具体步骤如下：首先，以阶段为单元，把相应阶段的政策文件进行文本合并，文本合并后将得到的新文件导入ROST CM6.0分词软件中，然后分词并导出分词表；其次，得到分词表后，再将分词表导入词频统计任务，得到关键词词频库，统计出每个阶段政策文本中关键词的词频数：地区、区域、协调、联合、联动、联防联控、协同、协作、会商、京津冀；最后，得到词频的统计结果（见表3－5），进一步观察关键词词频的阶段变化（见图3－7）。

表3－5 京津冀三地雾霾治理政策关键词词频统计

地区	1988—2007 年	2008—2012 年	2013—2020 年
北京	地区、区域、协调、联防联控	地区、区域、协调、联防联控	地区、区域、协调、联合、联动、联防联控、协同、协作、会商
天津	地区、区域、协调、联合	地区、区域、协调、联动、联防联控、协同	地区、区域、协调、联合、联动、联防联控、协同、协作、会商、京津冀
河北	地区、区域、协调	地区、区域、协调	地区（3）、区域（26）、协调（8）、联合（7）、联动（2）、联防联控（1）、协同（5）、协作（4）、会商（3）、京津冀（2）

资料来源：笔者自制。

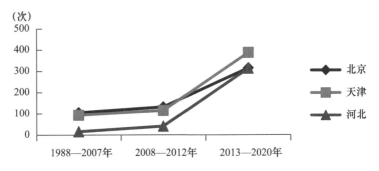

图3－7 协同关键词词频阶段变化

资料来源：笔者自制。

二 雾霾治理政策的效力评估

随着城市化进程的加快，中国汽车保有量逐年增长。2010—2023 年 9 月，中国机动车保有量由 2.1 亿增加到 4.3 亿①。机动车尾气排放是大气污染的重要来源，控制机动车污染是保障空气质量的重要途径。2013 年

① 《中国新能源汽车保有量突破 1800 万辆　机动车驾驶人达 5.2 亿》，中国新闻网（ht-tps：//www.chinanews.com.cn/cj/2023/10－10/10091808.shtml）。

国务院发布《大气污染防治行动计划》，对大气污染防治工作提出更为严格的要求。作为大气污染和机动车污染的"重灾区"，近年来北京市积极落实"强化移动源污染防治"的工作部署，针对"机动车燃油、绿色交通体系、机动车保有量、机动车使用强度、老旧机动车、环保监察和管理"等出台了一系列政策。那么，这些政策表现出怎样的截面特征和历时性演化规律？其政策效力如何？系统梳理2013—2020年北京市机动车污染防治政策，并进行效力评估，有助于管窥近年来我国城市大气污染治理及机动车污染防治的政策特点及变化规律，为完善相关政策提供借鉴。

作为政策研究的一种范式，政策分析在理解政策、解释政策及促进政策系统改进等方面发挥了重要作用。现有国内外政策分析主要沿着因果主义、实证规律主义、实用主义和建构主义四种分析路径展开①。因果分析关注政策现象的自变量，探索自变量与政策现象间的因果关系②。实用主义更加关注政策在解决社会问题中的效果③。实证规律主义关注政策话语本身的特点及其内在规律④。建构主义则更加重视政策现象背后复杂的人为因素⑤。从现有文献的数量来看，针对政策本身特点的文本分析成果较多。如，孙涛和温雪梅⑥以98项京津冀地区大气污染治理相关政策文本和126项政府行动文本作为分析样本，对政策的演变、体系和行动策略等进行量化分析。王雁红以长三角地区三省一市政府出台的政策文本为研究对象，探究政府协同治理大气污染政策工具的运用⑦。Park和Yong通过文本挖掘梳理能源政策议题，总结能源政策变化特点；Farchi和Salge借助英国1948—2015年医疗政策进行文本

①　冉连：《西方公共政策分析途径的演变及其启示》，《长白学刊》2017年第3期。

②　周敬伟、罗双：《论毛泽东思想方法论价值回归的应然》，《创新》2016年第1期。

③　张康之、向玉琼：《政策分析语境中的政策问题建构》，《东南学术》2015年第1期。

④　冉连：《西方公共政策分析途径的演变及其启示》，《长白学刊》2017年第3期。

⑤　刘庆乐：《2011年中国公共政策学研究新进展》，《广东行政学院学报》2012年第4期。

⑥　孙涛、温雪梅：《府际关系视角下的区域环境治理——基于京津冀地区大气治理政策文本的量化分析》，《城市发展研究》2017年第12期。

⑦　王雁红：《政府协同治理大气污染政策工具的运用——基于长三角地区三省一市的政策文本分析》，《江汉论坛》2020年第4期。

分析，厘清政策话语的演变规律①。其次，针对政策实施效果的评价也比较常见。如，易兰、周忆南等通过多元回归模型评价限行政策对雾霾污染治理的有效性，并探索不同城市政策的有效性差异②。事实上，由于受到多种复杂因素的影响，政策实施效果与政策表达之间并不存在直接必然的联系，以政策实施效果来作为政策评价标准的做法也存在一定的局限。

为了在排除政策执行中各种因素干扰的情况下来评价政策表达③，就需要针对政策本身进行效力评估。在"因果主义—实证规律主义—实用主义—建构主义"这一分析框架下，政策效力评估可以理解为介于实证主义和实用主义、政策话语和政策效果之间的研究议题。目前国内政策效力评估研究尚处于探索阶段，效力评估的标准和方法初步形成。彭纪生等④以"政策力度—政策目标—政策措施"为分析框架建立了政策效力评估模型。蒋园园和杨秀云、芈凌云和杨洁分别参考该评估模型实现了对中国文化产业政策的效力评估和节能政策的效力评估⑤。但这些政策效力评估多着眼于宏观或中观层面的政策议题（如能源政策、环境政策、文化产业政策等），也多着眼于全国范围内和国家层面上的政策文本。针对地方层面、具体政策领域的政策效力评估成果还比较少。

近年来，机动车尾气排放对空气质量的显著影响备受关注。实践层

---

① Park，C.，Yong，T.，"Prospect of Korean Nuclear Policy Change through Text Mining"，*Energy Procedia*，Vol. 128，2017，pp. 72 – 78；Farchi，T.，Salge，T. O.，"Shaping Innovation in Health Care：A Content Analysis of Innovation Policies in the English NHS，1948 – 2015"，*Social Science & Medicine*，Vol. 192，2017，pp. 143 – 151.

② 易兰、周忆南、李朝鹏等：《城市机动车限行政策对雾霾污染治理的成效分析》，《中国人口·资源与环境》2018 年第 10 期。

③ 张永宁、李辉、丛男等：《"情境—表达—结局"框架下中国减排政策变迁与反思——以"五年规划"为线索的文本挖掘》，《科技进步与对策》2016 年第 20 期。

④ 彭纪生、仲为国、孙文祥：《政策测量、政策协同演变与经济绩效：基于创新政策的实证研究》，《管理世界》2008 年第 9 期。

⑤ 蒋园园、杨秀云：《我国文化创意产业政策与产业生命周期演化的匹配性研究——基于内容分析的方法》，《当代经济科学》2018 年第 1 期；芈凌云、杨洁：《中国居民生活节能引导政策的效力与效果评估——基于中国 1996—2015 年政策文本的量化分析》，《资源科学》2017 年第 4 期。

面上，多地政府出台机动车限行、老旧机动车淘汰等政策。理论层面上，针对机动车污染防治政策合理性、可行性及有效性的研究成果也陆续出现。与政策分析研究的总体思路相近，机动车污染防治政策的研究重点也大体包括两个方面。一是基于政策文本的研究。如，陶双成等人分析传统交通污染治理手段的特征并指出其不足，提出基于智慧环保治理思路的"天、地、车、人、路"一体化现代城市交通污染治理数字化转型的综合解决方案；黄志辉等对中国机动车污染现状和防治工作进展进行分析，预测未来机动车污染形势，构建机动车污染防治政策体系①。二是对机动车污染防治政策有效性的研究。如，Small 采用能源模拟系统对美国轻型汽车能源政策的效力和成本进行评估②。曹静等从政策评估视角出发，分析和评估北京市"限行政策"对于空气质量的影响③。刘晓程等以 2013 年和 2016 年兰州"治污"机动车限行政策的执行过程为例，对机动车限行政策的空气质量效应进行测算与评估④。从研究议题来看，机动车污染防治政策研究所面临的问题也与政策分析研究相类似，即在政策话语表达研究与政策效果评价研究之间还需要政策效力评估的研究。从研究资料选取范围来看，现有机动车污染防治政策研究以截面数据为主，即大部分集中于现行政策研究，而缺少历时性的政策分析。

　　基于以上述评，本书希望在以下方面寻求拓展。一是在已有的文本分析及效果评价研究之间，探索针对政策文本的效力评估，以建立政策文本与政策效果间的对话机制。二是在现有国家层面上、宏观和中观政策领域的研究基础上，着力进行地方层面上机动车污染防治这一具体政策的效力评估，这也与机动车污染防治及其政策的地方性特征有关。三

---

① 陶双成、黄山倩、高硕晗：《基于情景分析的关中城市群机动车污染物排放控制研究》，《生态环境学报》2022 年第 8 期；黄志辉、丁焰、陈伟程等：《机动车污染防治形势及政策评估》，《环境影响评价》2017 年第 5 期。

② Small, K. A., "Energy Policies for Passenger Motor Vehicles", *Policy and Practice*, Vol. 6, 2012, pp. 874 – 889.

③ 曹静、王鑫、钟笑寒：《限行政策是否改善了北京市的空气质量？》，《经济学（季刊）》2014 年第 3 期。

④ 刘晓程、刘王平：《如何对话：政策执行过程中的政府公共沟通及其影响因素》，《现代传播（中国传媒大学学报）》2021 年第 7 期。

是与已有截面数据为主的研究相比，文本选取 2013—2020 年机动车污染防治政策进行历时性分析，并进一步考察机动车污染防治政策历时性变化轨迹背后的情境因素。

（一）研究设计

1. 样本采集及处理

遵循权威性、严谨性和完整性三大原则，本书的政策样本主要来自北大法宝法律数据库和北京市生态环境局门户网站。在北大法宝法律数据库中，将发布部门设置为北京市，以"机动车""车辆""汽车""交通"等作为关键词，检索时间设置为 2013—2020 年。在北京市生态环境局门户网站中，以"政策文件"栏目为主要信息来源，从中筛选出 2013—2020 年与机动车污染防治相关的规范性文件。共搜集和筛选相关政策文本 76 份，经再次筛选后确定本书的样本 62 份，形成政策一览表（见表 3 - 6）。

表 3 - 6 　　　　　　　　北京市机动车污染防治政策一览

序号	发布年份	政策样本
1	2013	轻型汽车（点燃式）污染物排放限值及测量方法（北京 V 阶段）
2	2013	关于实施北京市第五阶段机动车排放标准的公告
3	2013	关于申报第五阶段车型环保目录有关事项的通知
4	2013	车用压燃式、气体燃料点燃式发动机与汽车排气污染物限值及测量方法（台架工况法）
5	2013	关于重型柴油和燃油汽车（发动机）申报北京环保目录有关要求的通知
6	2013	关于实施重型汽油车和柴油车第四阶段排放标准的公告
7	2013	重型汽车排气污染物排放限值及测量方法
8	2013	2013—2017 年机动车排放污染控制工作方案
9	2014	关于进口小批量车型申报环保目录有关事项的通知
10	2014	关于对部分机动车采取交通管理措施降低污染物排放的通告
11	2014	关于重型车排放控制有关规定的通知
12	2014	摩托车和轻便摩托车双怠速污染物排放限值及测量方法

续表

序号	发布年份	政策样本
13	2014	汽车双怠速污染物排放限值及测量方法
14	2014	柴油车自由加速烟度排放限值及测量方法
15	2014	低速货运汽车结构调整及节能减排工作方案
16	2014	关于临时调整我市老旧机动车报废补助标准的通知
17	2014	机动车环保监测管理办法
18	2014	关于2014年亚太经济合作组织会议期间对外省区市进京机动车采取临时交通管理措施的通告
19	2014	关于2014年亚太经济合作组织会议期间对本市机动车采取临时交通管理措施的通告
20	2014	关于实施轻型汽车第五阶段标准中车载诊断系统两项排放监测功能有关事项的公告
21	2015	进一步促进老旧机动车淘汰更新方案（2015—2016年）
22	2015	关于巩固联勤联动机制强化机动车排放污染监管的通知
23	2015	关于开展机动车环保生产一致性和在用符合性监管工作的通知
24	2015	关于实施重型柴油车第五阶段排放标准的公告
25	2015	关于2015年田联世界锦标赛和"70周年纪念活动"期间对外省区市进京机动车采取临时交通管理措施的通告
26	2015	关于2015年田联世界锦标赛和"70周年纪念活动"期间对本市机动车采取临时交通管理措施的通告
27	2015	关于对黄标车采取交通管理措施的通告
28	2015	关于机动车异地进行环保定期检测检验有关事项的公告
29	2015	关于机动车环保定期检测检验有关事项的通知
30	2016	关于开展机动车定期检测检验机构和维修企业联合检查工作的通知
31	2016	促进绿色货运发展的实施方案（2016—2020年）
32	2016	促进高排放老旧机动车淘汰更新方案
33	2016	关于国Ⅰ国Ⅱ排放标准轻型汽油车淘汰更新贷款优惠政策的通知
34	2016	关于应对空气重污染采取临时交通管理措施的通告
35	2016	第六阶段《车用汽油》地方标准

序号	发布年份	政策样本
36	2016	第六阶段《车用柴油》地方标准
37	2016	对国Ⅰ国Ⅱ排放标准轻型汽油车采取交通管理措施的通告
38	2017	关于修订《北京市进一步促进老旧机动车淘汰更新补助资金管理办法》的通知
39	2017	关于进一步规范符合规定排放耗能标准机动车车型和非道路移动机械认定行政审批服务事项的通知
40	2017	关于对部分载货汽车采取交通管理措施降低污染物排放的通告
41	2017	"十三五"时期移动源污染防治工作方案
42	2017	车用柴油标准
43	2017	关于进一步做好机动车环保定期检测检验服务的通知
44	2017	重型汽车氮氧化物快速检测方法及排放限值
45	2017	重型汽车排气污染物排放限值及测量方法（车载法 第Ⅳ、Ⅴ阶段）
46	2017	重型汽车排气污染物排放限值及测量方法（OBD法 第Ⅳ、Ⅴ阶段）
47	2017	关于实施重型汽车地方排放标准有关事项的通知
48	2018	关于对国三排放标准柴油载货汽车采取交通管理措施降低污染物排放的通告
49	2018	北京市推广应用新能源汽车管理办法
50	2019	关于对出租汽车更新为纯电动车资金奖励政策的通知
51	2019	关于北京市提前实施国六机动车排放标准的通告
52	2019	关于实施国六机动车排放标准有关事项的通知
53	2019	关于实施《汽油车污染物排放限值及测量方法》《柴油车污染物排放限值及测量方法》国家标准的通知
54	2020	关于落实汽车排放检验与维护制度的通知
55	2020	关于规范移动源污染物排放和加油站 年检场等监管执法工作的通知
56	2020	2020年推进实施车用柴油减量化发展工作方案
57	2020	北京市重型汽车和非道路移动机械排放远程监测管理车载终端安装管理办法（试行）
58	2020	关于调整实施轻型汽油车国六b排放标准中颗粒物数量有关要求的通告
59	2020	2020年北京市新能源轻型货车运营激励方案

续表

序号	发布年份	政策样本
60	2020	北京市进一步促进高排放老旧机动车淘汰更新方案（2020—2021 年）
61	2020	北京市机动车排放检验管理规范
62	2020	北京市机动车和非道路移动机械排放污染防治条例

资料来源：根据北大法宝法律数据库和北京市生态环境局门户网站自行整理。

2. 分析方法

（1）量化及评估依据

现有政策效力分析中，比较有代表性的分析框架是彭纪生等人构建的"政策力度—政策目标—政策措施"模型。其中，政策力度依据政策主体和政策类型来确定。在政策主体方面，按照我国行政体系结构和权力级别，级别越高的政策主体发布的政策力度往往越大[1]；在政策类型方面，方案、规划类政策通常力度较大，而通知、公告类政策通常力度较小。政策目标和政策措施的评分均可包含具体化和标准化两个方面。其中，以比较成熟的政策工具作为划分依据，本书围绕管制型、市场型和自愿型政策工具来分别表述政策措施的具体化和标准化。

（2）模型构建与量化标准

参照彭纪生等的政策测量手册以及芈凌云等对这一手册的情景化操作与应用，构建"政策力度—政策目标—政策措施"效力评估模型，并对三者分别进行赋值[2]。其中，对政策力度的各个标准赋值1—5分；考虑到政策样本主要是针对机动车这单一污染源，目标客体相对集中，为使评估结果具有显著差异性，对政策目标的赋值层次确定为5、3、1分；

---

[1]　芈凌云、杨洁：《中国居民生活节能引导政策的效力与效果评估——基于中国1996—2015 年政策文本的量化分析》，《资源科学》2017 年第 4 期。

[2]　彭纪生、仲为国、孙文祥：《政策测量、政策协同演变与经济绩效：基于创新政策的实证研究》，《管理世界》2008 年第 9 期；芈凌云、杨洁：《中国居民生活节能引导政策的效力与效果评估——基于中国1996—2015 年政策文本的量化分析》，《资源科学》2017 年第 4 期；蒋园园、杨秀云：《我国文化创意产业政策与产业生命周期演化的匹配性研究——基于内容分析的方法》，《当代经济科学》2018 年第 1 期。

结合赵新峰等[1]的政策工具理论，对政策措施分别赋值5、3、1分。具体测量标准及赋值见表3-7。

表3-7 政策力度、目标、措施的赋分标准

评估项目	要素	影响因素	赋分标准	赋值（分）
政策效力	政策力度	政策类型	省级人大及其常务委员会发布的政策	5
			省级政府发布的办法、方案等	4
			省级政府发布的通知、通告、公告等	3
		政策主体	省级政府下属工作单位（委办厅局）发布的办法、方案、标准等	2
			省级政府下属工作单位（委办厅局）发布的通知、通告、公告等	1
	政策目标	具体化标准化	明确政策目标且规定量化指标，如机动车调控数量、燃油标准、污染物减排标准等具体目标	5
			明确政策目标但无量化指标	3
			无明确政策目标，仅有宏观政策指向	1
	政策措施	具体化标准化	管制型	规定政策执行的标准，如交通管制的时间、地点以及方式方法；严格环保目录的审批与执行，明确审批方案；强制油品质量管控和机动车污染排放的限值、测量方法等	5
				明确政策执行、环保目录审批、实施油品及污染检测，但并没有制定相关执行办法与方案等	3
				仅提及上述内容，无明确要求	1
			市场型	规定扶持的具体力度，如财政补贴、奖励、财政投入的具体标准和核算方法等	5
				明确政府加大财政支持和补贴，但并未执行政策的具体流程以及奖励标准等	3
				仅提及上述内容，无明确要求	1
			自愿型	规定宣传方案和推广活动的具体方式，制定第三方和公众参与监督的具体办法	5
				明确要进行宣传方案和进行活动推广，明确要进行第三方监督，但未制定具体方案和方法	3
				仅提及上述内容，无明确要求	1

资料来源：笔者自制。

---

① 赵新峰、袁宗威：《区域大气污染治理中的政策工具：我国的实践历程与优化选择》，《中国行政管理》2016年第7期。

根据政策力度、政策目标、政策措施的测量标准及赋值,将北京市2013—2017 年机动车污染防治政策的文本内容进行数据化处理,按照上述标准对其进行打分,根据政策单项效力公式、总效力公式和平均效力公式对其进行计算。

本书采用政策效力的计算公式:

$$PE = (pgy + pmy) \times pey \tag{3-1}$$

$$TPE_i = \sum_{y=1}^{N} (pgy + pmy)pey \tag{3-2}$$

$$APE_i = \sum_{y=1}^{N} (pgy + pmy)pey \div N \tag{3-3}$$

$$i \in [2013, 2020]$$

其中,PE 表示一项政策的效力(Policy Effectiveness),TPE 表示年政策效力,pe 表示政策力度(policy effects),pg 表示政策目标(policy goals),pm 表示政策措施(policy means);i 表示政策实施的年份,N 是该年实施的所有政策数量,y 是该年的第 y 项政策,pey、pgy 和 pmy 分别代表该年的第 y 项政策的力度、目标和措施的得分[1]。

(二)政策效力分析

1. 样本结构分析

从政策文本类型来看(见表 3 – 8),2013—2020 年北京市机动车污染防治政策文本中,通知类政策文本最多,为 19 份,占总政策样本的 30.65%;其次是通告类政策文本,为 12 份,占 19.35%;方法类和方案类政策文本各 9 份,分别占 14.52%;公告类政策文本为 5 份,占8.06%;标准类和办法类政策文本各 3 份,分别占 4.84%;条例类和规范类政策文本数量最少,分别只有 1 份。这说明近年来,北京市围绕机动车污染防治所发布的具有通知、通告功能的政策文件较多,具有规划、指导功能的政策文件较少,特别是具体到执行标准的文件数量有所不足。

---

[1] 蒋园园、杨秀云:《我国文化创意产业政策与产业生命周期演化的匹配性研究——基于内容分析的方法》,《当代经济科学》2018 年第 1 期。

表 3 - 8　　北京市 2013—2020 年机动车污染防治政策文本类型

政策类型＼年份	2013	2014	2015	2016	2017	2018	2019	2020	总计（份）
方法	3	3	0	0	3	0	0	0	9
标准	0	0	0	2	1	0	0	0	3
通知	2	3	3	2	4	0	3	2	19
公告	2	1	2	0	0	0	0	0	5
通告	0	3	3	2	1	1	1	1	12
方案	1	1	1	2	1	0	0	3	9
办法	0	1	0	0	0	1	0	1	3
规范	0	0	0	0	0	0	0	1	1
条例	0	0	0	0	0	0	0	1	1
总计（份）	8	12	9	8	10	2	4	9	62

资料来源：笔者自制。

从政策主体来看（见表 3 - 9），北京市 2013—2020 年机动车污染防治政策共涉及北京市人民代表大会、北京市人民政府、北京市生态环境局、北京市公安局公安交通管理局、北京市财政局、北京市市场监督管理局、北京市交通委员会、北京市科学技术委员会、北京市经济和信息化委员会、北京市城市管理委员会 10 个部门。其中，北京市人民代表大会参与发文数为 1 份，占 0.94%，为独立发文。北京市人民政府参与发文数为 9 份，占 8.49%，均为独立发文。北京市生态环境局参与发文数为 48 份，占 45.28%；独立发文数为 20 份，占 18.87%。北京市公安局公安交通管理局参与发文数为 12 份，占 11.32%，均为联合发文。北京市财政局参与发文 6 份，占 5.66%，均为联合发文。北京市市场监督管理局参与发文 16 份，占 15.09%；独立发文 1 份，占 0.94%。北京市交通委员会参与发文 10 份，占 9.43%，均为联合发文。北京市科学技术委员会参与发文 1 份，占 0.94%，为联合发文。北京市经济和信息化委员会参与发文 1 份，占 0.94%，为联合发文。北京市城市管理委员会参与发文 2 份，占 1.89%，均为联合发文。总体来看，北京市生态环境局在政策颁布中占主导地位，市场监督管理局和交通部门与之相配合的发文数尚可。

表 3 - 9　　　　　北京市 2013—2020 年机动车污染防治政策主体

政策主体	参与次数总计		独立发布		联合发布	
	次数	百分比（％）	次数	百分比（％）	次数	百分比（％）
北京市人民代表大会	1	0.94	1	0.94	0	0.00
北京市人民政府	9	8.49	9	8.49	0	0.00
北京市生态环境局	48	45.28	20	18.87	28	26.42
北京市公安局公安交通管理局	12	11.32	0	0.00	12	11.32
北京市财政局	6	5.66	0	0.00	6	5.66
北京市市场监督管理局	16	15.09	1	0.94	15	14.15
北京市交通委员会	10	9.43	0	0.00	10	9.43
北京市科学技术委员会	1	0.94	0	0.00	1	0.94
北京市经济和信息化委员会	1	0.94	0	0.00	1	0.94
北京市城市管理委员会	2	1.89	0	0.00	2	1.89
总计	106	100.00	31	29.25	75	70.75

资料来源：笔者自制。

从政策客体来看（见表 3 - 10），2013—2020 年北京市机动车污染防治政策主要涵盖三个层次的客体。一是以移动源为政策客体，文件仅有 2017 年和 2020 年的 2 份，这一类政策涉及的范围广泛，既包括机动车，也包括非道路用动力机械、成品油储运系统等非机动车污染源。二是以未进行类型细分的机动车为政策客体，文件数为 19 份，占 30.65％。三是将机动车细分为"重型车""老旧机动车""轻型车"等十余种细分领域作为政策客体，文件数为 41 份，占 66.13％。需要指出的是，2014 年、2017 年和 2020 年，不仅政策文本总量多，且以细分领域作为政策客体的文件占比也较多，分别占同年政策文本数的 66.67％、90％和 77.78％。

表 3 - 10　　　　北京市 2013—2020 年机动车污染防治政策客体　　　（单位：份）

年份	政策数量	移动源	机动车	机动车细分		
2013	8	0	3	轻型汽车	汽车	重型汽车
				1	1	3

续表

年份	政策数量	移动源	机动车	机动车细分							
2014	12	0	4	小排量车	重型车	摩托车	柴油车	汽车	低速货车	老旧机动车	轻型汽车
				1	1	1	1	1	1	1	1
2015	9	0	6	老旧机动车		重型柴油车		黄标车			
				1		1		1			
2016	8	0	3	机动车检验机构	营运货运机动车		老旧机动车		轻型汽油车		
				1	1		1		2		
2017	10	1	0	车用柴汽油		老旧机动车		载货汽车		重型汽车	
				3		1		1		4	
2018	2	0	0	柴油载货汽车			新能源汽车				
				1			1				
2019	4	0	2	纯电动车			汽油车		柴油车		
				1			1				
2020	9	1	1	汽车	重型汽车和非道路移动机械	机动车和非道路移动机械	柴油车	老旧机动车	新能源轻型货车	轻型汽油车	
				1	1	1	1	1	1	1	

资料来源：笔者自制。

从政策工具来看（见表3-11），2013—2020年北京市机动车污染防治政策中，仅使用"管制型"政策工具的次数为47次，占75.81%，在所有政策工具中占主导地位；仅"市场型"政策工具的次数为4次，占6.45%；单一的"自愿型"政策工具并未在机动车污染防治政策中使用。多元化的政策工具配合使用程度较低，2013—2020年有11份政策同时使用两种及以上政策工具，共占政策工具使用总体情况的17.74%。

表 3－11 北京市 2013—2020 年机动车污染防治政策工具 （单位：次）

政策工具 ＼ 年份	2013	2014	2015	2016	2017	2018	2019	2020
管制型	7	10	8	5	6	1	3	7
市场型	0	1	0	2	1	0	0	0
自愿型	0	0	0	0	0	0	0	0
管制型、市场型	0	0	0	0	1	0	0	0
管制型、自愿型	0	1	0	0	2	0	0	0
市场型、自愿型	0	0	1	1	0	0	1	2
三种工具综合运用	1	0	0	0	0	1	0	0

资料来源：笔者自制。

2. 政策效力分析

依据政策效力评估模型，以政策主体、客体、类型、工具等要素为基础，本书针对 2013—2020 年北京市机动车污染防治政策进行力度、目标、措施的分项编码和历时性分析，得出政策效力的评估结果（见表 3－12），2013—2020 年北京市机动车污染防治政策效力总得分为801.8 分，单项政策效力的最大值为 34.8、最小值为 4，平均效力为12.93。其中，政策力度总得分为 110 分，单项政策力度的最大值为 5、最小值为 1，平均力度为 1.77；政策目标总得分为 176 分，单项政策目标的最大值为 5、最小值为 1，平均得分为 2.84；政策措施得分为 259.7分，单项政策措施的最大值为 5、最小值为 3，平均得分为 4.19。从各项均值与单项满分标准的对照来看，2013—2020 年北京市机动车污染防治政策效力明显偏低。其中，政策措施方面的表现优异、政策目标方面的表现尚可，政策力度明显偏低。

表 3－12 2013—2020 年北京市机动车污染防治政策效力及其内部结构

（单位：分）

项目	总得分	最大值	最小值	均值	单项满分
政策力度	110	5	1	1.77	5
政策目标	176	5	1	2.84	5
政策措施	259.7	5	3	4.19	5
政策效力	801.8	34.8	4	12.93	50

资料来源：笔者自制。

图 3 - 8 表明，首先，2013—2020 年，北京市机动车污染防治政策整体效力的波动较大。其中，2 次政策数量峰值出现在 2014 年和 2017 年。结合近年来北京市大气污染防治相关背景可知，2014 年政策数量的峰值一方面可能与 2013 年底雾霾严重污染有关，另一方面也可以理解为 2014 年 APEC 会议空气质量保障行动的具体措施。2017 年政策峰值可能与两种重要因素有关。一是 2013 年《大气污染防治行动计划》中指出，经过 5 年努力，全国空气质量总体改善，京津冀等区域空气质量明显好转[1]。与此同时，该计划还特别针对北京市提出空气质量改善的"京 60"目标，即到 2017 年细颗粒物年均浓度控制在 60 微克/米³、重污染天气大幅度减少。作为两项重要任务的收官之年，2017 年北京市机动车污染防治压力也较大。二是 2017 年是党的十九大召开的年份，北京市作为党的十九大召开地，空气质量保障的任务也较重。其次，2013—2020 年北京市机动车污染防治政策整体效力的演变趋势与政策数量的时区分布趋势相对一

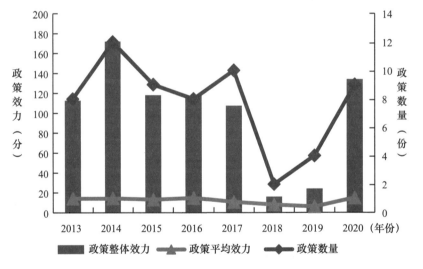

图 3 - 8　2013—2020 年北京市机动车污染防治政策数量、整体效力及平均效力的演变

资料来源：笔者自制。

---

① 《国务院关于印发大气污染防治行动计划的通知》，中国政府网（https://www.gov.cn/zhengce/content/2013 - 09/13/content_4561. htm? trs = 1）。

致，而单个政策平均效力低且变化极小。这说明，2013—2020 年北京市机动车污染防治政策整体效力的波动主要与政策数量的变化有关，而单个政策平均效力的变化和贡献度都不明显。2013—2020 年，政策平均效力一直处于较低水平，尤其在 2017 年，在政策数量增加的情况下，政策整体效力并没有提高，反而有所下降，可以说明北京市机动车污染防治政策的效力偏低，内容强度不足。

　　为了进一步探析政策整体效力与内部结构间的关系，对政策力度、政策目标、政策措施与政策整体效力进行时间序列分析。图 3 - 9 表明，总体上政策力度、政策目标、政策措施及政策整体效力的变化趋势是相对一致的。但相对于政策整体效力而言，政策力度、政策目标和政策措施 3 个分项的得分波动相对小，其中，政策力度的波动最小。这说明政策目标、政策措施，特别是政策力度对政策整体效力的贡献度并不明显，在短时间内没有明显提高。这与图 3 - 8 所描述的，2013—2020 年北京市机动车污染防治政策整体效力的变化趋势主要受到政策数量的影响相吻合。具体到 3 个分项之间比较，政策目标和政策措施对整体政策效力的

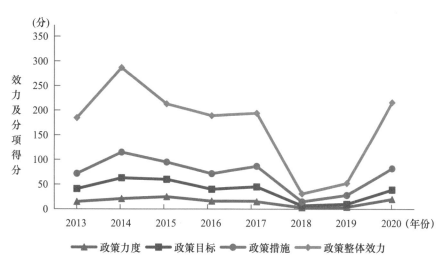

图 3 - 9　2013—2020 年北京市机动车污染防治政策力度、
政策目标、政策措施与整体效力的演变

资料来源：笔者自制。

贡献度优于政策力度。结合前文样本结构描述，政策力度偏小与政策主体地位偏低、多部门联合发文较少，以及政策文件类型偏重公布知照和宏观指导，而标准、监管类政策较少有一定关系。

（三）小结

依据上述分析，可以得出北京市机动车污染防治政策的效力评估结果，并管窥中国环境政策乃至公共政策的演化特征。首先，2013—2020年北京市机动车污染防治政策数量及各年政策整体效力的演化趋势大体一致，且总体上波动较大，但政策的年平均效力变化比较细微。可以理解为，政策效力的变化主要依靠政策数量变化的驱动，而单个政策文本本身的变化并不突出。其次，在构成政策效力的三个维度中，政策措施的具体化和标准化程度较高，政策目标的表现也比较优异。但政策力度偏低，主要表现在政策主体地位不高，政策类型以宏观、公告类为主，而更具有针对性的标准、办法等较少。再次，结合 2014 年和 2017 年两次政策数量峰值的背景，对照多源流理论，可以发现，政治流对中国公共政策的影响较为明显，而问题流的影响比较间接。主要表现在：2013 年底京津冀雾霾严重，引发社会热议，但机动车污染防治政策的高峰期出现在 2014 年，具有一定的"时间延滞性"；APEC 会议空气质量保证行动触发了 2014 年机动车污染防治政策数量的高峰；而《大气污染防治行动计划》及"京60"目标则触发了 2017 年机动车污染防治政策数量的高峰。最后，考虑到政策措施的表现和贡献度都较好，本书着重观察了政策工具的特征。结果发现，管制型政策工具的占比较高，但市场型政策工具应用较少，自愿型政策工具的概率更低。这一方面可能与京津冀雾霾所带来的治理压力促使政府实施干预措施[1]和采取更有强度的管制型政策工具有关，另一方面也符合中国政策工具偏好的普遍特征，即以管制型政策工具为主。

基于上述结论，未来机动车污染防治政策还可以在如下方面加以改进。首先，在城市化和快速工业化的总体趋势下，面对日益严峻的资源、环境等问题，领导者应重视中国作为发展中国家的后发优势，积极借鉴

---

① 李世杰、宦梅丽、韦开蕾：《公共政策影响中国地区工业集聚了吗？——来自省级数据的证据》，《科学决策》2017 年第 2 期。

和汲取发达国家发展进程中的经验和教训，提升政策的前瞻性，并从全局视野和战略高度对环境污染及相关的机动车污染防治政策给予更具有整体性和协同性的规划。其次，政策效力的变化应不仅依赖政策数量的增加，还应依赖单个政策平均效力的提升；不仅应依赖政策目标和政策措施的具体化和标准化，还应依赖政策力度的加强。唯有政策数量的累积与单个政策平均效力的提升，特别是政策力度的质的突破才能形成机动车污染防治的合力。此外，环境污染治理是一项长期工程，应注重将偶然性的政策峰值转化为政策数量和效力的常态化趋势，特别是将依靠政治力量和行政力量的政策途径转化为依靠法治力量的政策途径，提升环境治理政策制定和实施过程中的制度化、法治化水平。最后，在从公共管理到公共治理范式转型的大背景下，应重视环境污染负外部性的公共性特征，注重调动政府及相关的一切社会治理资源，形成多元力量参与的"协同治理"格局。这就需要在污染防治政策中扩大较高层级政策主体的参与，明确政策实施的目标和预期效果，增强政策执行的压力和动力，同时着力提高市场型、自愿型等政策工具的占比，从多方面共同撬动环境污染"多元治理"的机制。

第四节　非常态下的区域雾霾治理实验

2014 年 11 月，"亚太经合组织（APEC）第 22 次领导人非正式会议"在北京召开。根据预测，会议期间北京或将遭遇雾霾，PM2.5 浓度预计将达到 69.5 微克/米^3。为保障会议期间空气质量达标，环境保护部及相关部门、京津冀及周边 6 省（区、市）采取了一系列保障措施。会期内北京市 PM2.5 实际浓度为 43 微克/米^3，平均浓度值同比降低 30% 以上，京津冀及周边地区 PM2.5 平均浓度值同比下降 29% 左右。这一事件引发了媒体和公众的广泛关注和热议，网友们把这久违的蓝天称为"APEC蓝"。人们对"APEC 蓝"褒贬不一、各执一词：批评者认为"APEC 蓝"是在特殊情况下采取超常规手段的结果，不可持续甚至劳民伤财；支持者的理由则是"APEC 蓝"给雾霾治理带来了希望和经验，并对雾霾治理充满希望。笔者认为，对这一事件的讨论应从简单、笼统地争论是否可重复，转向深入细致地区分哪些可重复、哪些不可重复、哪些又是有条件重复，即将雾霾治理中的典型案例"APEC 空气质量保障行动"视为一次科学实验。通过其实验条件的可重复性研究，或验证已有的理论观点，或进行追问和反思，为深入挖掘和理性借鉴"APEC 会议空气质量保障行动"的经验，为雾霾源头治理和综合治理提供帮助。同时，也希望本书可以拓展实验可重复性研究在社会科学，特别是公共治理领域的研究空间，为其他类似研究（如，群体性事件、运动式治理等）提供借鉴。

"可重复性"（Replicability）是指任何科学结论及其解释对于所有科学家而言均应是公开并可重复验证的。在传统科学观中，这被视为衡量一项研究是否具备现代科学特征的"黄金标准"①。近年来这一研究引起学界重视，主要源于 2010 年美国哈佛大学进化与道德心理学领域巨擘Marc Hauser 被指控涉嫌论文捏造数据等学术不端的事件。随后两年左右的时间里，荷兰蒂尔堡大学的 Diederik Stapel、荷兰鹿特丹伊拉斯姆斯大学的 Dirk Smeesters、美国密歇根大学安娜堡分校的 Lawrence Sanna 等多位心理学家均存在类似的学术不端丑闻。这一系列事件引发了心理学界对"可重复性"研究的重视。但这种重视仅停留在确保心理科学研究结论的纯洁性和科学性的层面上。正如哈贝马斯指出的，"在完全相同的条件下重复一个实验必定会得到同样的'效果'，这并不是经验得出的结论，而是先验的必然"②。

随着直接重复（direct replication）和概念性重复（conceptual replication）概念的提出，实验可重复性研究从确保实验研究真实性为单一出发点的信度研究，逐渐转向探索更深层次原因的实验效度研究。直接重复是指遵循实验程序的准确度，在不调整初始研究的操作和控制条件的情况下，得到可重复的实验结果；概念性重复则是指调整初始研究中的部分操作或控制条件，仍然可以得到相同结果的实验。简单地说，直接性重复相当于初始实验的重复操作，其意义更多在于证明实验的真伪；概念性重复则相当于对初始实验的进一步深入研究，其意义在于发现规律。正如 Popper 指出的，"只有当特定的事件按照一些规则或规律性重复发

---

① 陈巍：《可重复性：为心理科学注入"正能量"》，《科技导报》2013 年第 14 期。
② ［德］哈贝马斯：《认识与兴趣》，郭官义、李黎译，学林出版社 1999 年版，第 124 页。

生，如在可重复的实验中，我们的观察在原则上才能被任何人所检验"①。对于二者的实验意义，直接重复能确认研究结果的信度，证明实验结果的真实性，但很难带来研究效度——促进理论更新的内容效度。科学的进步，不仅需要直接重复，更需要概念性重复来发现规律，提供方法论指导。

直接重复和概念性重复的分析框架对于复杂科学，特别是社会科学研究更具有进步性和借鉴意义。因为，在复杂科学中，事件对其初始值存在极端的敏感性，使我们很难精确地去重复事件的初始条件②。特别是在社会科学中，由于受到复杂的人为因素影响，精确重复事件初始条件的可能性极低。因此，在社会科学研究中，实验的意义往往不在于直接重复，而是找到那些改变初始实验操作和控制条件，依然可以得到相同结果的"概念性重复"。众所周知，"APEC 会议空气质量保障行动"是在特殊情况下，采用"超常规"手段的减排行动，从实验真实性的角度，在不调整初始操作和控制条件的前提下，获得实验结果的直接重复是毋庸置疑的。问题在于，该实验中的诸多操作和控制条件是不可重复和不稳定的。唯有深入解析实验过程，寻找概念性重复的途径，才能有利于思考雾霾治理的长效机制，将"临时减排"变成"真的不排"。

一　研究设计

（一）研究思路与理论假设

从可重复性的角度出发，社会科学实验可能存在如下情形。

情形 1：在常态的社会实践中，大部分实验条件很难甚至无法重复，可称为"不可重复"。

情形 2：在常态的社会实践中，大部分实验条件可以重复，但需要以其他实验条件为前提，可称为"有条件重复"。

情形 3：在常态的社会实践中，大部分实验条件可以重复，且不需要以其他实验条件为前提，可称为"完全可重复"。

---

① Popper, K. , *The Logic of Scientific Discovery*, New York：Routledge, 2005, pp. 23 – 24.

② 何华青、吴彤：《实验的可重复性研究——新实验主义与科学知识社会学比较》，《自然辩证法通讯》2008 年第 4 期。

设实验条件为 R_i，$i = 1$，2，$\cdots$，n，依据直接重复和概念性重复的内涵，需要对 R_i 进行如下分析（见图 3 – 10）：

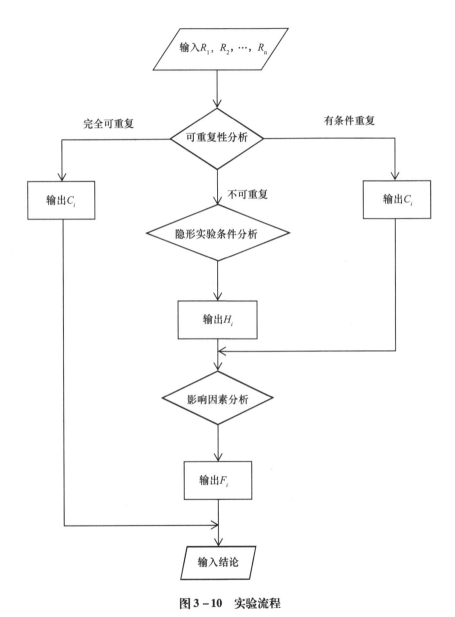

图 3 – 10　实验流程

资料来源：笔者自制。

当 R_i "不可重复"时，该实验条件对社会实践的借鉴意义并不明确。此时，需要进一步分析该实验条件背后的、可以重复的"隐性信息"（设为 H_i，i 可能为 1，2，…，n），以捕捉到将其转化为概念性重复的可能性，即"复制一种概念"。这里的 H_i 是指从若干个具体实验条件中抽象出来，具有一般性或规律性的概念，即" R_i 意味着 H_i"，或者"尽管 R_i 不可重复，但 R_i 背后的 H_i 可以重复"。

当 R_i "有条件重复"时，直接输出实验条件（设为 C_i，i 可能为 1，2，…，n），得出可以概念性重复的实验结论，为社会实践提供借鉴依据。

针对 R_i "不可重复"和 R_i "有条件重复"的结果，进一步分析 C_i 和 H_i 的存在条件或影响因素（设为 F_i，i 可能为 1，2，…，n），即"之所以有 C_i（或 H_i），是因为有 F_i"，或者"只有 F_i 存在时，C_i（或 H_i）才可能存在"。①

当 R_i "完全可重复"时，直接输出 C_i，并得出可以概念性重复的实验结论，为社会实践提供借鉴依据。

至此，实验分析可以得出三个有指导意义的要素。

要素 1：C_i——可以被重复的实验条件。

要素 2：H_i——R_i 背后的隐性信息。

要素 3：F_i——C_i 或 H_i 的存在条件或影响因素。

那么，整个实验分析可以看作通过分析 R_i，明确 C_i 或寻找 H_i，进而探索 F_i 的过程。

（二）实验条件甄别

通常情况下，可以将实验条件分为两类：一类是指为获得实验结果而采取的直接措施，可称为实验"操作条件"，例如实验药品的配比等；另一类是指为顺利完成实验而采取的保障措施，可称为实验"控制条件"，例如实验室的温度控制等。在自然科学实验中，实验的操作和控制条件通常可以提前预设。相比之下，由于受到复杂社会因素的影响，社会科学的实验条件很难预设，且可控性低。为此，在实验结束后需要增

①　因为 C_i 和 H_i 两个变量的分析仅提供了概念性重复的可能性，不能回答概念性重复的前提条件或影响因素。

加实验条件甄别的步骤。

从技术分析的视角，北京市环境保护局 2014 年 11 月 13 日发布的《空气质量保障措施效果初步评估技术报告》显示，APEC 会议期间减排效果主要来自五项紧急减排措施[①]：（1）市域机动车单双号限行、外埠车辆（特别是重型大货车、大客车）绕行和渣土车禁行，对会期内 PM2.5 下降的本地贡献为 39.5%。（2）燃煤和工业企业停产、限产，本地贡献为 17.5%。（3）工地停工，本地贡献为 19.9%。（4）加强市区重点街道保洁工作，与工地停工的贡献基本相当。（5）调休、放假，本地贡献为 12.4%。

在此基础上，课题组对"APEC 会议空气质量保障措施"相关的政府文件、新闻报道、访谈记录等进行文本分析（利用 CiteSpace 统计分析工具进行词频共现和聚类分析）后发现，技术层面的减排措施还包括"快件延迟送达""银行网点轮休""暂停办理出入证件""推迟居民供热""会场周边做饭'不许冒烟儿'""怀柔栽种 52 万株绿化植物"等。上述减排措施均是保障空气质量的直接措施，可视为本次雾霾治理实验的"操作条件"。

与自然科学不同，社会科学实验中的"控制条件"一般不是指实验室温度等因素，而是与公共政策、公共行动密切相关。同样采用 CiteSpace 统计软件的词频共现和聚类分析，可将这些"控制条件"整理为如下几点。一是"最高规格"的联合行动。国务院办公厅、国家发展改革委、工信部、财政部、环保部、住建部、气象局、能源局相关司局等多个部门，京津冀及周边地区（北京、天津、河北、山西、内蒙古、山东）联合行动，共同制定会议期间空气质量保障工作方案、细化减排措施和引导政策，共同组织实施。京津冀及周边地区联防联控，每日视频通报空气质量、共享监测数据、预判空气质量变化，通过联合会商确定会议期间停、限产企业清单，统一标准、联动执法监察、共同打击各自区域内及相邻地区的环境违法行为。二是"最严密"的督查。环境保

---

① 《减排才是硬道理 APEC 空气质量保障措施效果评估结果出炉》，北京市生态环境局网站（http://sthjj.beijing.gov.cn/bjhrb/index/xxgk69/zfxxgk43/fdzdgknr2/ywdt28/xwfb/607506/index.html）。

护部派出 16 个督查组奔赴京津冀及周边地区，不分昼夜，不定期暗查、巡查，京津冀及周边地区党政部门层层落实督察措施。三是"最严厉"的追责。对会议期间单位和个人的环境违法违规行为严厉追查和处罚，对情节严重者追究法律责任，对措施不到位、空气质量未改善的地方党政部门及其负责人严肃追究责任。

至此，可将"APEC 会议空气质量保障行动"中的实验条件简单记录如下。

R_1：车辆限行（市域机动车单双号限行、外埠车辆绕行、渣土车禁行）。

R_2：燃煤和工业企业停产、限产。

R_3：工地停工。

R_4：市区重点街道加强保洁工作。

R_5：调休、放假。

R_6：快件延迟送达。

R_7：银行网点轮休。

R_8：暂停办理出入证件。

R_9：推迟居民供热。

R_{10}：会场周边做饭"不许冒烟儿"。

R_{11}：怀柔栽种 52 万株绿化植物。

R_{12}："规格最高"的联合行动。

R_{13}："最严密"的督查。

R_{14}："最严厉"的追责。

其中，R_1—R_{11} 为实验"操作条件"，R_{12}—R_{14} 为实验"控制条件"。

（三）实验条件的可重复性分析

课题针对上述 14 条实验条件，逐条设计问询题目，采用德尔菲法集中专家意见，题目主要包括以下几类。

（1）对某一实验条件可重复性的判断。如，"在您看来，'市域机动车单双号限行、外埠车辆绕行、渣土车禁行'这一措施，在非 APEC 会议期间可否常态化实行？"（选项 A：可以常态化；选项 B：不可以常态化；选项 C：在条件允许的情况下可以常态化。）

（2）当专家认为该实验条件"不可以常态化"时，进一步追问这一实验条件背后的隐性信息。如，"您认为这一措施是通过何种方式来保障会期空气质量?"

（3）进一步追问隐性信息的存在条件。如，"您所指的这种方式在何种条件下可以实现常态化?"

（4）当专家认为该实验条件"在条件允许的情况下可以常态化"时，进一步追问其影响因素。如，"在您看来，该实验条件在何种情况下可以常态化?"

（5）当专家认为该实验条件"可以常态化"时，跳转关于下一实验条件的咨询。

问卷形成后共针对 30 名专家学者（共计 10 名自然科学领域专家和包括经济、政治、公共管理在内的 20 名社会科学领域专家）进行了 5 轮德尔菲法咨询过程，整理后得出关于实验条件可重复性的初步分析结果（见表 3 – 13）。

（1）实验操作条件可重复性分析结果。在 11 条实验操作条件中，R_1，R_2，R_3，R_5，R_6，$\cdots$，R_{10} 为不可重复的实验条件，需要进一步探寻其背后的隐性信息。R_4 和 R_{11} 为完全可重复的实验条件，可直接输出概念性重复的实验结论。

（2）实验控制条件可重复性分析结果。在 3 条实验控制条件中，R_{13}、R_{14} 为完全可重复的实验条件，可直接输出概念性重复的实验结论。R_{12} 为有条件重复的实验条件，可以直接输出 C_{12}，用于提出概念性重复的实验结论，同时进一步探寻其存在条件或影响因素。

（3）隐性实验条件分析结果。在不可重复的实验条件 R_1，R_2，R_3，R_5，R_6，$\cdots$，R_{10} 中，R_1（机动车限行与管控）、R_5（调休、放假）、R_6（快件延迟送达）、R_7（银行网点轮休）、R_8（暂停办理出入证件）目的均在于控车减排，R_2（燃煤和工业企业停产、限产）目的是控煤和控工业，R_9（推迟居民供热）、R_{10}（会场周边做饭"不许冒烟儿"）目的是控煤，R_3（工地停工）的主要目的是控扬尘。

（4）实验条件可重复性影响因素分析结果。针对"控车、控煤、控工业、控扬尘"等隐性信息的深层影响因素，专家意见集中指向五点：一是转变经济增长方式；二是调整能源消费结构；三是推广节能减排技术；四是优化城市空间布局；五是加强城市管理。针对 R_{12} "'规格最高'的联合行动"这一实验条件的深层影响因素，专家建议主要集中在两点上：一是外在压力；二是权责明晰。

表 3 - 13　　　　　　　　实验条件的可重复性分析

实验条件		可重复性分析	可重复的实验条件 C_1	隐性信息 H_1	影响因素 F_1
R_1：车辆限行	市域机动车单双号限行；外埠车辆绕行；渣土车禁行	不可重复	——	→ 控车	转变经济增长方式；调整能源消费结构；推广节能减排技术；优化城市空间布局；加强城市管理
操作条件	R_5：调休、放假	不可重复	——	→ 控车	
	R_6：快件延迟送达	不可重复	——	→ 控车	
	R_7：银行网点轮休	不可重复	——	→ 控车	
	R_8：暂停办理出入证件	不可重复	——	→ 控车	
	R_3：工地停工	不可重复	——	→ 控煤	
	R_9：推迟居民供热	不可重复	——	→ 控煤	
	R_{10}：会场周边做饭"不许冒烟儿"	不可重复	——	→ 控煤	
	R_2：燃煤和工业企业停产、限产	不可重复	——	→ 控煤控工业	
	R_4：市区重点街道加强保洁工作	完全可重复	加强保洁		
	R_{11}：怀柔栽种 52 万株绿化植物	完全可重复	加强绿化		
控制条件	R_{13}："最严密"的督查	完全可重复	督查力度		
	R_{14}："最严厉"的追责	完全可重复	追责力度		
	R_{12}："最高规格"的联合行动	有条件重复	联防联控		外在压力权责明晰

资料来源：笔者自制。

二　实验分析结果

社会科学实验尽管在实验条件、演化机制及实验结果等方面具有高复杂性，但其实验功能与自然科学类似，即验证理论、解释现象、发现规律、预测未来。通过实验条件的可重复性分析，至少可以得出一个完整的结论链条。这一链条可以对技术领域、经济领域和公共治理领域内有关雾霾治理研究的先验理论进行验证，发挥整合多领域、多视角研究成果和理论观点的作用。

首先，实验从技术角度证明了减排是雾霾治理的硬道理。紧急情况下，"控车""控煤""控工业"效果显著，验证了有关雾霾成因技术研究的已有结论。环保部门曾指出，大气污染主要来自三大污染源：一是以火电、钢铁、水泥行业为主的煤炭消费；二是使用非清洁油品的机动车辆；三是基础设施建设造成的扬尘[①]。此外，扬尘污染已经成为城市大气污染的主要源头之一，需要"结合日常宣教、严格扬尘防治硬件设施、建设一套渣土运输处置综合监管服务平台"等[②]。尽管雾霾也与气压低、风速慢等不利的气象条件有关，但从雾霾治理的基本路径来看，减排仍然是硬道理。

其次，要实现减排常态化，需要从根本上转变经济增长方式、调整能源消费结构，需要加强减排技术的创新和推广，需要优化城市空间结构和加强城市管理。1943 年洛杉矶雾霾大规模暴发，市长承诺 4 个月内彻底整治雾霾，但实际的治理经历了数十年。比对中外"雾都"现象不难发现，雾霾是众多因素长期积累的结果，其治理也必然需要一个过程。实验可重复性影响因素的讨论验证了如下观点。一是要从根本上转变经济增长方式，变高能耗、高污染、粗放式的经济增长方式为低能耗、低污染、内涵式的经济增长方式[③]。二是调整能源消费结构，降低煤炭、

---

① 周涛、汝小龙：《北京市雾霾天气成因及治理措施研究》，《华北电力大学学报》（社会科学版）2012 年第 2 期。

② 《建筑工地需要采取哪些措施治理扬尘污染?》，公安县人民政府网站（http://www.gongan.gov.cn/gzhd/wdzsk/hjbh/202112/t20211229_679221.shtml）。

③ 钟茂初：《有关生态文明建设的若干理论认识及制度主张》，《环境保护与循环经济》2013 年第 4 期。

化石能源的比重，加快推进能源清洁化战略。三是加强节能减排技术推广，降低和减小转方式、调结构的成本和阻力，增加转方式、调结构的收益。四是加快城市空间布局调整和功能优化，加快非城市中心核心功能疏解速度，降低人为排放活动强度。五是加强城市管理，特别是施工工地管理，提升城市保洁和绿化水平，防控原煤散烧、餐饮烧烤等污染。

再次，区域雾霾联防联控、协同共治既具有必要性，也具有可行性。雾霾天气并非个别地方或城市的污染物排放所造成。统计显示，在北京PM2.5主要污染物来源中，区域输送占25%左右，在特定气象条件下区域输送可高达40%以上①。雾霾污染的"外溢化"和"无界化"决定了整合多元力量的协同治理才是应对雾霾的理性选择。为此，《环境保护部等部门关于推进大气污染联防联控工作改善区域空气质量的指导意见》《国民经济和社会发展第十二个五年规划纲要》等重要文件均要求"建立大气污染联防联控机制"。但由于属地管理（地方间）、条块分割（部门间）等体制因素，加之经济压力型考核机制（纵向政府间），区域雾霾污染的联防联控、协同共治面临诸多困境；雾霾产生、扩散、监测和防控的复杂性更增加了联防联控的难度。因此，也有研究者认为，只要体制不改变，联防联控、协同治理只能是口号。实验中，区域政府间、政府部门间、政府与企业间的联合行动，对这一消极观点提供了最有力的证伪。

此外，外在压力和权责明晰是区域雾霾联防联控、协同共治的重要因素。从行为动机出发，合作通常可以分为两类。一类是趋利型合作，即通过合作获得比单独行动更多的收益。另一类是避害型合作，这一类合作一般不可缺少两项前提，一是落实对不合作者的惩罚，以此作为合作主体的压力来源；二是合作中各方主体责任明晰，以保证不合作或合作失败时的追责有据可依。长期以来，各级政府将所有精力几乎都放在"GDP增长""财政收入""外资引进"等显性指标的实现上②。环境治

---

① 张晶：《联手治霾或成区域协同发展新契机》，《科技日报》2013年3月15日第9版。

② 尚虎平：《政府绩效评估中"结果导向"的操作性偏误与矫治》，《政治学研究》2015年第3期。

理中的府际合作通常无利可趋，只能存在于避害型合作的行列。实现过程中，"政治任务""铁腕治污""壮士断腕"一系列关键词表征了此次保障行动的合作压力。在责任明晰方面，此次保障行动在事前明确了京津冀核心区域及周边地区政府之间、政府内部门之间、政府与企业之间在保障行动中的责任，细化到各省（市区）限、停产企业清单；又在事中严密督查、狠抓责任落实；发现问题后及时约谈、整改、处罚甚至追究官员行政责任、违规排污企业和个人的法律责任。这种事前、事中、事后的责任明晰，是雾霾治理中多元主体协同行动的关键。可以说，此次行动中，减排压力是联合行动的驱动力，权责明晰是联合行动的润滑剂。

最后，从第一公里到最后一公里的全线执行力，是治理违法、违规排污的关键。从力度上，此次保障行动打出了力度空前的"组合拳"，被称为"超常规手段""史上最严"。保障工作中，环境保护部派出的督导小组就有 16 个之多。从检查力度来看，"正在施工的燃气工程工地、豆腐小作坊冒烟的小锅炉、建筑工地等都没逃过督查"①。从追责力度来看，仅石家庄市就处理相关责任人 29 人，另有 5 家企业负责人和 4 名焚烧责任人被行政拘留；保定涞水县住建局原局长被免职；河南省安阳市市长被约谈，山西省太原市 6 名官员被约谈②。铁腕治污以其明显收效验证了：从第一公里到最后一公里的全线执行力，是治理违法、违规排污的关键，也对食品安全、生产安全等领域的治理提供了有力借鉴。

三 小结

至此，雾霾治理实验的可重复性分析形成了逐层深入、比较完整的结论链条，并与技术、经济乃至公共治理领域的理论观点基本吻合，起到了验证先验理论的作用。但我们仍要追问：为什么这些理论观点在APEC 会议这一特殊时期才得到验证，而此前却仅停留于理论探讨和舆论呼吁？再次针对 APEC 会议前后有关"APEC 会议空气质量保障行

---

① 邹春霞：《"APEC 蓝"是如何保障的?》，《北京青年报》2014 年 11 月 13 日第 9 版。
② 张昊：《严格执法严厉问责方能留住 APEC 蓝》，《法制日报》2014 年 11 月 15 日第 4 版。

动"的相关评论做词频共现分析，会发现一系列高度相关的关键词："政治动员""行政管控""运动式治理""举国体制""外在压力"。其运作逻辑可以表述为，此次雾霾治理实验的成功，是借助"政治动员"的优势，通过"行政管控"的途径，采用"运动式治理"的方式，依靠"举国体制"的力量，并施加"外在压力"的结果。这也正是部分学者对此次"空气质量保障行动"持批评甚至否定态度的重要原因之一。

尽管学界对"APEC会议空气质量保障行动"评价不一，但从实验式治理的角度出发，笔者依然认为此次"空气质量保障行动"体现了国家重要的战略意图并具有重要的历史意义。

首先，作为一次雾霾治理实验，"APEC空气质量保障行动"为大气污染治理提供了宝贵的方法论，具有重要的实验探索意义。从这种意义出发，本书将此次"空气质量保障行动"中的实验条件细分为"不可重复""有条件重复""完全可重复"，将有利于更加科学、理性地总结实验规律，发挥实验的指导意义。其中，"完全可重复"和"有条件重复"的实验条件对常态下的雾霾治理具有重要的指导意义，即便是"不可重复"的实验条件也可以为紧急状态下的空气治理保障行动提供指导。

其次，作为一次雾霾治理实验，"APEC会议空气质量保障行动"可以通过示范效应、警示效应、过渡效应和累积效应等，对雾霾长效治理作出贡献。一是2015年北京"纪念反法西斯战争胜利七十周年军事演习"2016年杭州"G20峰会"等重大活动中的空气质量保障行动，借鉴了"APEC会议空气质量保障行动"的大部分做法，同样取得了很好的效果，证明了"APEC会议空气质量保障行动"的示范效应。在紧随其后的雾霾治理举措中，这种示范效应又非常明确地从重大事件和特殊情境扩展至常态治理，对近年来京津冀地区雾霾治理作出了显著贡献。二是"APEC会议空气质量保障行动"，对保障不力的地方领导进行约谈，坚决查处、关停甚至处罚违法、违规排放的企业，这些强力措施无疑对雾霾常态治理中不作为的政府和不合规的企业起到了警示作用。其显著意义在于让各级政府和民众意识到改善空气质量不是不可能，只是需要壮士断腕的决心；以牺牲环境为代价的投机或者对环境污染视而不见的行为，在未来的中国都不可能长久。三是一些在以往看来过于严苛的制度安排、执法和处罚措施，在本次紧急状态下得以推行，对常态下的雾霾治理起到了缓冲和过渡作用。正如于文轩指出的，"APEC会议可以看作强制性制度变迁中的推手因素"①。四是紧急状态下的铁腕措施，尽管带有"运动式"色彩，但其治理效果经过反复实验、反复执行，同样可以达到治理效果的累积。

最后，作为一次雾霾治理实验，"APEC会议空气质量保障行动"的有效性不仅在于上述所提问题导向的有效性，更体现在关乎国家治理体系和治理能力的结构导向的有效性。在紧急情况下和特殊时期这一逻辑具有集中力量办大事和治理成效立竿见影的独特优势。但这一优势发挥作用的前提是其主体必须是一个具有强大基础性权力的现代国家②。可以认为，雾霾治理从更深层次验证了这一治理逻辑的优势，表明了我们依然具备调动这一优势的强大能量，提升了我们应对未来可能的各种危机或紧急状态的强大信心。

当然，雾霾是一项系统工程，单纯依靠紧急状态下的运动式治理远远不够。与雾霾问题类似，水污染、食品药品安全、生产安全等问题都需要在常态化下寻求解决问题的根本路径。为此，在国家治理体系和治理能力现代化的视角下，还需要在保持这一强大优势和能量的同时，着力思考：如何发挥制度治霾的力量，实现从"政治动员"到"制度创新"的转变？如何落实依法治霾，实现从"行政管控"到"立法管控"的转变？如何建立长效机制，实现从"运动式治理"到"常态化治理"的转变？如何完善治理结构，实现从"举国体制"到"区域协同治理"的转变？如何发挥市场的激励作用，实现从"外在压力"向"内生动力"的转变？从系统论的观点出发，就是要构建一个整合政治推动力、法律约束力、市场驱动力、政府管控力，多种力量、多维平衡，且内部结构具有良好协调能力的雾霾综合治理机制。

---

① 于文轩：《道法无常——新加坡公共管理之道》，上海三联书店2015年版，第146页。
② 李斌：《政治动员及其历史嬗变：权力技术的视角》，《南京社会科学》2009年第11期。

第五节 区域雾霾协同治理的总体情况

空气的流动性及大气污染传输的外部性，决定了大气污染治理绝非"一地之事"，只有区域内各地方政府携手、共管共治，才能完成大气治理任务，实现区域生态利益的最大化。为此，近年来，中央政府及各区域地方政府先后出台了一系列法律法规、方案条例，并组织成立了各项专门治理机构，不断加强区域大气污染的合作治理，促使地方政府由"不合作"走向"合作"，努力化解区域雾霾困境、改善区域大气质量。

一 京津冀及周边地区雾霾协同治理的总体情况

（一）雾霾协作治理文件

1. 中央层面

自 2010 年 5 月起，国务院便出台了第一份专门针对大气污染联防联控工作的综合性文件——《关于推进大气污染联防联控工作改善区域空气质量的指导意见》，以此推动中国大气环境保护工作进入新的发展阶段。此后，《重点区域大气污染防治"十二五"规划》《京津冀及周边地区落实大气污染防治行动计划实施细则》《京津冀及周边地区大气污染联防联控 2014 年重点工作》等指导性文件及《京津冀及周边地区重污染天气监测预警方案》《能源行业加强大气污染防治工作方案》《京津冀及周边地区机动车排放污染控制协同工作实施方案（试行）》等专门性文件陆续出台，制定目标、建立机制、全面部署、评估考核……为京津冀地区雾霾协作治理规划蓝图、指明方向。其间，第十二届全国人大常委会第八次会议还表决通过了"史上最严厉"的环保法，明确建立跨行政区域的重点区域、流域环境污染和生态破坏联合防治协调机制，实施统一规划、统一标准、统一监测、统一防治等措施，为京津冀环保部门开展联动执法提供了强有力的法律保障。具体文件内容见表 3 - 14。

表 3 – 14　　**中央政府为加强京津冀地区雾霾协作治理出台的**
相关文件概览

时间	名称	内容
2010 年 5 月	《关于推进大气污染联防联控工作改善区域空气质量的指导意见》	到 2015 年，建立大气污染联防联控机制，形成区域大气环境管理的法规、标准和政策体系
2012 年 12 月	《重点区域大气污染防治"十二五"规划》	提出建立"联席会议制度""联合执法监管机制""环境执法评价会商机制""信息共享机制""预警应急机制"等
2013 年 9 月	《京津冀及周边地区落实大气污染防治行动计划实施细则》	经过五年努力，京津冀及周边地区空气质量明显好转，重污染天气较大幅度减少。力争再用五年或更长时间，逐步消除重污染天气，空气质量全面改善
2013 年 9 月	《京津冀及周边地区重污染天气监测预警方案》	自 2013 年 11 月供暖期起，在北京市、天津市、河北省、山西省、内蒙古自治区、山东省等地区开展重污染天气监测预警试点工作
2013 年 11 月	《关于加强重污染天气应急管理工作的指导意见》	在加大大气污染防治力度的基础上，采取强有力的应急管理措施，减缓重污染程度，保护公众身体健康，体现出以"硬"碰"硬"应对重污染天气的决心
2014 年 3 月	《能源行业加强大气污染防治工作方案》	对能源领域大气污染防治工作进行了全面部署
2014 年 4 月	《中华人民共和国环境保护法》	国家建立跨行政区域的重点区域、流域环境污染和生态破坏联合防治协调机制，实施统一规划、统一标准、统一监测、统一防治等措施
2014 年 5 月	《大气污染防治行动计划实施情况考核办法（试行）》	确立了以空气质量改善为核心指标的评估考核思路，将产业结构调整优化、清洁生产、煤炭管理与油品供应等大气污染防治重点任务完成情况纳入考核内容

续表

时间	名称	内容
2014 年 5 月	《京津冀及周边地区大气污染联防联控 2014 年重点工作》	一是成立区域大气污染防治专家委员会。二是统一行动，共同治理区域重点污染源。三是加强联动，同步应对解决区域共性问题。四是研究制定公共政策，促进区域空气质量改善。五是共同做好 2014 年 APEC 会议空气质量保障
2015 年 3 月	《京津冀及周边地区机动车排放污染控制协同工作实施方案（试行）》	一是成立协同工作机构，建立会商、人员交流、工作简报等制度。二是确定开展超标车一地代收罚款等近期任务，建立区域法规标准等中远期任务。三是加强领导，抓好落实；加强研究，完善制度；加强合作，保障沟通
2015 年 5 月	《京津冀及周边地区大气污染联防联控 2015 年重点工作》	明确京、津、冀、晋、鲁、内蒙古六省区市联手继续深化协调联动机制，并在机动车污染、煤炭消费等六大重点领域协同治污
2015 年 7 月	《京津冀及周边地区深化大气污染控制中长期规划》	在大气污染防治协作小组的统一协调下，京津冀加快了区域核心区大气污染治理结对合作工作机制的建立，并着手规划中长期大气污染控制编排工作
2015 年 12 月	《京津冀区域环境保护率先突破合作框架协议》	明确以大气、水、土壤污染防治为重点，以联合立法、统一规划、统一标准、统一监测、协同治污等十个方面为突破口，联防联控，共同改善区域生态环境质量
2015 年 12 月	《京津冀协同发展生态环境保护规划》	到 2017 年，京津冀地区 PM2.5 年平均浓度要控制在 73 微克/米^3 左右。到 2020 年，PM2.5 年平均浓度要控制在 64 微克/米^3 左右，比 2013 年下降 40％ 左右
2016 年 2 月	《"十三五"时期京津冀国民经济和社会发展规划》	全国第一个跨省市行政区划的"十三五"规划，具体提出了未来五年中该地区的协作治理目标

续表

时间	名称	内容
2016 年 7 月	《京津冀地区大气污染防治强化措施（2016—2017 年)》	加大挥发性有机物（VOCs）综合治理力度。京津冀地级及以上城市 2016 年底前完成所有石化、化工行业 VOCs 综合整治任务。2016 年 10 月底，传输通道城市 10 万千瓦及以上煤电机组全部完成超低排放
2017 年 3 月	《京津冀及周边地区2017 年大气污染防治工作方案》	提出更加严格的空气质量改善目标和更大力度的大气污染治理举措；成立重污染天气联合应对工作小组，统筹指导督促各地做好重污染天气应对工作；部署开展一季度空气质量专项督查，推动地方（尤其是区县一级）切实履行大气污染防治责任
2017 年 8 月	《京津冀及周边地区2017—2018 年秋冬季大气污染综合治理攻坚行动方案》	提出钢铁有色水泥行业全面限产、停产，采暖季唐山等城市钢铁限产 50%
2018 年 1 月	《关于京津冀大气污染传输通道城市执行大气污染物特别排放限值的公告》	决定在京津冀大气污染传输通道城市执行大气污染物特别排放限值
2018 年 7 月	《国务院办公厅关于成立京津冀及周边地区大气污染防治领导小组的通知》	将京津冀及周边地区大气污染防治协作小组调整为京津冀及周边地区大气污染防治领导小组，组织推进区域大气污染联防联控工作，统筹研究解决区域大气环境突出问题
2018 年 9 月	《京津冀及周边地区2018—2019 年秋冬季大气污染综合治理攻坚行动方案》	坚持稳中求进，在巩固环境空气质量改善成果的基础上，推进空气质量持续改善。提出全面完成 2018 年空气质量改善目标；2018 年 10 月 1 日至 2019 年 3 月 31 日，京津冀及周边地区细颗粒物（PM2.5）平均浓度同比下降 3% 左右，重度及以上污染天数同比减少 3% 左右

时间	名称	内容
2019 年 9 月	《京津冀及周边地区2019—2020 年秋冬季大气污染综合治理攻坚行动方案》	提出京津冀及周边地区全面完成 2019 年环境空气质量改善目标，协同控制温室气体排放，秋冬季期间（2019 年 10 月 1 日至 2020 年 3 月 31 日）PM2.5 平均浓度同比下降 4%，重度及以上污染天数同比减少 6%
2020 年 10 月	《京津冀及周边地区、汾渭平原 2020—2021 年秋冬季大气污染综合治理攻坚行动方案》	全面完成《打赢蓝天保卫战三年行动计划》确定的 2020 年空气质量改善目标，协同控制温室气体排放

资料来源：笔者自制。

2. 地方政府层面

在中央政府的强力推动下，京津冀三地地方政府积极响应上级要求，分别出台了一系列法规、政策，努力推动京津冀地区雾霾协作治理取得实质性进展。例如，北京市政府先后出台了《北京市 2013—2017 年清洁空气行动计划》《北京市空气重污染应急预案》《北京市大气污染防治条例》等文件，提出指导思想、行动目标及具体任务，并为北京市大气污染防治行动提供有力的法律保障。又如，京津冀三地地方政府联合发布的《京津冀能源协同发展行动计划（2017—2020 年）》，提出能源战略协同、能源设施协同、能源治理协同、能源绿色发展协同、能源运行协同、能源创新协同、能源市场协同、能源政策协同等"八大协同"及保障机制，为实现三地能源协同发展提供政策支持[1]。具体文件内容见表 3－15。

---

[1] 《〈京津冀能源协同发展行动计划（2017—2020 年）〉发布》，《资源节约与环保》2017 年第 12 期。

表3-15 地方政府为加强京津冀地区雾霾协作治理出台的
相关文件概览

时间	名称	内容
2013年9月	《北京市2013—2017年清洁空气行动计划》	提出了明确的指导思想、行动目标和"863计划",并分解为84项具体任务
2013年9月	《河北省大气污染防治行动计划实施方案》	提出经过5年努力,全省环境空气质量总体改善,重污染天气大幅度减少
2013年9月	《天津市清新空气行动方案》	制定了10大任务66项措施
2013年10月	《北京市空气重污染应急预案》	从空气质量监测与预报、空气重污染预警分级、空气重污染应急措施、组织保障等多个方面作出明确规定
2013年10月	《天津市重污染天气应急预案》	从组织机构构成与职责、预警、应急响应、总结评估、应急保障、监督管理等方面作出规定
2013年12月	《河北省重污染天气应急预案》	从组织领导结构、监测、预警等方面,进一步建立健全了重污染天气应急响应机制
2014年3月	《北京市大气污染防治条例》	为北京市大气污染防治行动提供强有力的法律武器
2017年11月	《京津冀能源协同发展行动计划(2017—2020年)》	加强三地能源系统的集中谋划,打造一体化能源系统;协同发挥各自比较优势,明确三地能源发展重点,创新省际能源合作模式,构建多层次、宽领域的能源融合发展机制
2018年3月	《北京市大气污染防治条例》(2018年修正)	提出共同防治、重点污染物排放总量控制、固定污染源污染防治、机动车和非道路移动机械排放污染防治、扬尘污染防治等措施和法律责任
2018年5月	《天津市2018年大气污染防治工作方案》	提出在全面完成国家下达的2017年至2018年秋冬季大气污染综合治理攻坚行动目标和任务的基础上,实现全市细颗粒物(PM2.5)等主要污染物浓度持续下降、环境空气质量持续改善

时间	名称	内容
2018 年 9 月	《天津市大气污染防治条例》（2018 年修正）	提出大气污染共同防治，重点大气污染物总量控制，高污染燃料污染防治，机动车、船舶排气污染防治等措施和法律责任
2018 年 10 月	《北京市空气重污染应急预案》（2018 年修订）	提出将空气重污染预警分为 3 个级别，根据空气重污染预警级别，采取相应的健康防护引导、倡议性减排和强制性减排措施。确定应急响应步骤，加强组织保障
2018 年 10 月	《天津市 2018—2019 年秋冬季大气污染综合治理攻坚行动方案》	加快推动产业、能源和运输结构优化调整，推进农村居民散煤清洁能源替代、重点行业及港口运输"公转铁"、柴油货车污染治理，全面实施工业炉窑和挥发性有机物专项整治，加强区域联防联控，实现秋冬季空气质量持续改善
2019 年 1 月	《河北省大气污染防治工作领导小组办公室关于做好春节期间大气污染防治工作的通知》	严格管理烟花爆竹燃放和秸秆、垃圾露天焚烧，大力倡导节日文明祭扫，严防施工工地和道路扬尘，加强生产企业排放监管，做好重污染天气科学应对
2020 年 7 月	《河北省人民代表大会常务委员会关于加强船舶大气污染防治的若干规定》	提出预防为主、防治结合、综合治理和损害担责的原则，防治船舶大气污染，保护和改善沿海区域大气环境
2020 年 12 月	《天津市实施第六阶段国家重型汽车大气污染物排放标准工作方案》	明确工作目标、实施范围及时间、主要任务及工作分工和保障措施

资料来源：笔者自制。

（二）雾霾协作治理实践

1. 中央层面

中央政府为加强京津冀地区雾霾协作治理所进行的实践主要集中于三个方面。一是组织保障，牵头成立了全国大气污染防治部际协调小组、京津冀及周边地区大气污染防治协作小组、京津冀及周边地区大气污染防治领导小组等协调、领导机构，成为组织区域大气污染联防联控工作、制定区域大气环境质量改善措施、应对区域大气环境突出问题的重要抓手。二是制度保障，确定了重污染应急、监测预警、信息共享等工作制度，建立了区域空气重污染预警会商机制、应急联动长效机制，完善了京津冀及周边地区大气污染联防联控协作机制，以此加强京津冀地区雾霾协作治理的顶层设计，从而确保大气治理联防联控规范化、长效化有序推进。三是政策保障，细化了各项综合性、指导性的法律法规、政策条例，先后发布了《京津冀及周边地区机动车排放污染控制协同工作实施方案（试行）》《散煤清洁化治理工作方案》《秸秆综合利用和禁烧工作方案》《京津冀及周边地区落实水污染防治行动计划 2016—2017 年实施方案（报审稿）》等各具体领域的工作方案，以此推动京津冀地区雾霾协作治理见微知著、扎实落地。具体实践内容见表 3 - 16。

表 3 - 16　　　中央政府为加强京津冀地区雾霾协作治理
所进行的相关实践概览

时间	名称	内容
2013 年 9 月	环保部组建全国大气污染防治部际协调小组	协调小组从指导督促落实《大气污染防治行动计划》、及时通报工作进展、强化部际交流与合作、建立大气污染防治长效机制等方面积极开展工作，切实发挥措施联动、信息共享和统筹协调的作用
2013 年 9 月	京津冀及周边地区大气污染防治协作小组成立	协作小组以"责任共担、信息共享、协商统筹、联防联控"为原则，在做好各自行政区域内大气污染防治工作的基础上，开展联动协作，形成治污合力。协作小组下设办公室，作为协作小组的常设办事机构，负责协作小组的决策落实、联络沟通、保障服务等日常工作
2013 年 10 月	加强工作部署与调度协作小组第 1 次会议	明确"责任共担、信息共享、协商统筹、联防联控"的工作原则，确定重污染应急、信息共享等工作制度

续表

时间	名称	内容
2014 年 5 月	加强工作部署与调度协作小组第 2 次会议	印发了《大气污染防治行动计划实施情况考核办法（试行）》和《京津冀周边地区大气污染联防联控 2014 年重点工作》
2014 年 10 月	加强工作部署与调度协作小组第 3 次会议	通过了《京津冀及周边地区 2014 年亚太经合组织会议空气质量保障方案》。推动国家有关部门出台了《京津冀及周边地区机动车污染防治工作方案》《电力钢铁协作小组水泥平板玻璃大气污染治理整治方案》《散煤清洁化治理工作方案》《秸秆综合利用和禁烧工作方案》等一批有利于区域大气污染防治，加快空气质量改善的政策文件
2015 年 5 月	加强工作部署与调度协作小组第 4 次会议	审议通过了《京津冀及周边地区大气污染联防联控 2015 年重点工作》。北京、天津以及河北省唐山、廊坊、保定、沧州 6 个城市被划为京津冀大气污染防治核心区，并提出"2 + 4"的协作模式。会议再次建立区域空气重污染预警会商和应急联动长效机制
2015 年 11 月	加强工作部署与调度协作小组第 5 次会议	听取了协作小组办公室关于京津冀及周边地区加强今冬明春大气污染防治重点工作情况的汇报，并研究部署了下一步工作任务
2016 年 5 月	加强工作部署与调度协作小组第 6 次会议	会议审议通过了《京津冀大气污染防治强化措施（2016—2017 年）》《京津冀及周边地区落实水污染防治行动计划 2016—2017 年实施方案（报审稿）》，通报各地大气污染防治情况，明确了下一步工作重点
2016 年 10 月	加强工作部署与调度协作小组第 7 次会议	总结前一阶段区域大气污染治理进展和经验，全面部署今冬明春大气污染防治工作。
2017 年 1 月	加强工作部署与调度协作小组第 8 次会议	确定将京津冀及周边地区联防联控范围扩展至"2 + 26"城市，环境保护部等四部门以及京津冀及周边六省（市）人民政府联合印发《京津冀及周边地区 2017 年大气污染防治工作方案》，明确了 2017 年的主要目标和任务

时间	名称	内容
2017 年 2 月	加强工作部署与调度协作小组第 9 次会议	分析研判当前面临的突出问题，安排部署下一阶段的重点工作任务
2017 年 7 月	加强工作部署与调度协作小组第 10 次会议	会议审议通过了《京津冀及周边地区 2017—2018 年秋冬季大气污染综合治理攻坚行动方案》
2018 年 1 月	加强工作部署与调度协作小组第 11 次会议	会议总结五年来京津冀及周边地区大气污染防治工作情况，研究部署下一阶段重点工作
2018 年 7 月	成立京津冀及周边地区大气污染防治领导小组	为推动完善京津冀及周边地区大气污染联防联控协作机制，经党中央、国务院同意，将京津冀及周边地区大气污染防治协作小组调整为京津冀及周边地区大气污染防治领导小组
2019 年 11 月	京津冀及周边地区大气污染防治领导小组电视电话会议	会议贯彻落实党中央、国务院关于打好污染防治攻坚战的决策部署，对秋冬季大气污染防治攻坚任务和天然气保供等工作作出安排
2020 年 10 月	生态环境部召开京津冀及周边地区和汾渭平原秋冬季大气污染防治工作座谈会	会议听取了京津冀及周边地区、汾渭平原 7 省（市）2020 年大气污染防治工作进展及下一步工作安排的汇报，科学谋划"十四五"时期大气污染防治工作

资料来源：笔者自制。

2. 地方政府层面

在中央政府"打赢蓝天保卫战"的坚定决心下，京津冀各地方政府积极配合、快速行动，落实中央要求、成立环保小组、建立协作机制、开展集中治理……改变以往"自扫门前雪"的治理方式，努力推动区域联防联控落实、落地，协同区域内其他地方共同"打好污染防治攻坚战"。具体实践内容见表 3 - 17。

表 3 - 17　　　　　　　地方政府为加强京津冀地区雾霾协作治理
所进行的相关实践概览

时间	名称	内容
2013 年 9 月	天津市召开环境综合整治专项行动电视电话会议	提出实施"美丽天津一号工程",通过"四清一化"专项行动让市民享受到更多的蓝天碧水
2013 年 9 月	河北省成立环保厅环境安全保卫总队	充分发挥惩治环境污染犯罪的职能作用,以打击大气污染违法犯罪为重点,快侦快破一批重大案件,迅速在河北全省形成依法严厉打击环境污染犯罪的强大声势
2013 年 10 月	河北省环境科学研究院成立大气污染防治研究工作领导小组	加强河北省环境空气质量改善科研技术支撑工作,加快推进河北省大气污染防治研究工作及科研成果的产出应用,为环境管理服务
2013 年 10 月	河北省建立省会大气污染防治联席会议制度	建立石家庄与省直部门的沟通渠道,协调解决省直部门、中央驻冀单位、省属企业、驻石部队在省会大气污染防治方面存在的问题。指导石家庄市做好大气污染防治工作。监督、评估石家庄大气污染防治攻坚行动方案实施情况
2013 年 11 月	河北省成立环保厅钢铁水泥电力玻璃行业大气污染治理攻坚行动领导小组	到 2014 年底,"四个行业"重点治污减排项目主体工程基本建设完毕。到 2015 年 6 月底,"四个行业"主要污染物排放源全部建成符合排放标准和总量控制要求的治污减排设施,投运率和脱除效率符合国家、省有关规定,主要污染物二氧化硫、氮氧化物、烟(粉)尘排放总量分别削减 17.95 万吨、31.69 万吨和 0.72 万吨
2013 年底	京津冀及周边地区六省市主管部门共同建立京津冀及周边地区节能低碳环保产业联盟	制定形成区域互动发展的政策体系。支持北京的科技资源对外辐射,支持企业合理进行产业链布局。建设统一市场,破除区域行政壁垒
2013 年底	北京市环境保护局成立北京市大气治理工作领导小组,区县相应成立属地大气污染综合治理领导小组	加强对市、区两级大气污染治理的指导,使大气治理形成政府各部门齐抓共管的良好格局

时间	名称	内容
2014 年 3 月	天津市实施大气污染防治网络化管理	以区县、街道、乡镇、社区（村）为单位，分级别划定大气污染防治管理网格，明确监管区域
2014 年 3 月	天津市实施机动车限行交通管理措施	为有效缓解交通拥堵，降低能源消耗，改善空气环境质量，天津市人民政府决定实施机动车限行交通管理措施
2014 年 3 月	北京市环保局成立大气污染综合治理协调处	大气污染综合治理协调处受京津冀及周边地区大气污染防治协作小组办公室的委托，承担京津冀及周边地区大气污染防治协作、联防联控的具体联络协调工作
2014 年 3 月	河北省建立刷卡排污总量控制制度	河北省已完成西柏坡电力公司、大唐丰润热电、奥森钢铁等 9 家企业 13 台（套）刷卡排污试点企业端的设备安装并实现了联网
2014 年 6 月	天津市大幅上调污染物排污收费标准，超额排放加倍征收	天津市环保局正式公布二氧化硫等四种主要污染物排污收费标准，四项排污费均大幅度提升，同时将对超额排放征收加倍排污费
2014 年 10 月	河北省实施分区域控制政策	根据污染物排放扩散对北京市空气质量影响程度，河北省将控制区域划分为重点控制区域和一般控制区域，不同控制区域采取的措施不同
2015 年底	天津市加强环境监管执法	增加人员编制，加强环保执法力量，并与公安建立联动机制，实现属地化管理
2017 年 2 月	河北省全面开展压煤、控车、降尘、治企行动	对重点工业企业进行专项整治，减少排放总量；推进电代煤、气代煤，严管散煤污染……把能源结构和产业结构调整作为防治大气污染的治本之策，河北省各地持续用力，治本攻坚
2017 年 4 月	北京市 10 部门协同开展春季大气污染强化执法行动	环保、公安部门依托"环境保护联合执法工作站"，围绕固定源及移动源环境违法行为开展执法行动，严厉打击行政违法和刑事犯罪等环境违法行为。北京市各有关部门依据职责加强执法
2017 年 4 月	河北省召开大气污染综合治理大会	会议通报了 2016 年度全省大气污染防治考核结果；组织省政府与市政府代表签订大气污染综合治理目标责任书；提出到 2020 年，实现"三下降、一增加"的省大气污染治理的目标任务

续表

时间	名称	内容
2018 年 7 月	北京市召开 2018 年北京国际大都市清洁空气行动论坛	交流讨论大都市空气污染控制经验、实践和未来工作思路
2018 年 8 月	北京市开展大气污染防治精细化管理工作	精准溯源，高效处理环境问题；分类施策，精准管控各类污染源；"街乡吹哨、部门报到"，发挥联合执法合力
2019 年 1 月	天津市行政区域内划定禁止使用高排放非道路移动机械区域	在本市划定禁止使用高排放非道路移动机械的区域，将本市禁用区分为一类禁用区和二类禁用区
2020 年 9 月	河北省召开全省大气污染综合治理工作视频调度会议	总结全省 2020 年以来大气污染防治工作成效，部署秋冬季大气污染防治集中攻坚工作
2020 年 10 月	北京市组织开展第四轮"点穴式"专项执法行动	围绕秋冬季大气污染防治重点，突出 VOCs 污染防治，共检查点位 99 个，监测常年运行锅炉 10 家，发现涉气类环境问题 31 起
2020 年 12 月	天津市实施"三线一单"生态环境分区管控	实施"三线一单"生态环境分区管控，按照生态保护红线、环境质量底线、资源利用上线和生态环境准入清单的要求，对全市的生态环境进行分类管理

资料来源：笔者自制。

二 长三角及周边地区雾霾协同治理的总体情况

(一) 雾霾协作治理总体构架

2013 年底，在长三角地区"盘旋"9 天的雾霾，成为打破三省一市"各扫门前雪"的加速剂，"同守一片天、共享一朵云"开始成为长三角地区政府与人民的愿望与期盼。于是，建立长三角区域环保协作机制迅速被提上议事日程，并日臻发展完善。

表 3 – 18   长三角地区雾霾协作治理总体构架概览

时间	名称	内容
2013 年 10 月	长三角区域空气质量预测预报系统	在环境保护部的牵头组织及三省一市的积极配合下，长三角区域空气质量预测预报系统正式建立，成为长三角地区预测预报服务"基地"，为区域大气污染联防联控工作提供重要技术支撑
2014 年初	国家环境保护城市大气复合污染成因与防治重点实验室	建设国家环境保护城市大气复合污染成因与防治重点实验室，设有 1 个城市超级站、5 个专业实验室、1 个可移动观测平台
2014 年 1 月	长三角区域大气污染防治协作机制	长三角三省一市和国家八部委组成的长三角区域大气污染防治协作机制正式启动，并在上海召开第一次工作会议。会议明确了"协商统筹责任共担，信息共享，联防联控"的协作原则
2014 年 1 月	《长三角区域落实大气污染防治行动计划实施细则》	"长三角区域大气污染防治协作机制"在上海召开第一次工作会议。会议讨论了《长三角区域落实大气污染防治行动计划实施细则》，并对长三角地区大气污染联防联控工作进行了安排与部署
2014 年 2 月	《长三角区域空气重污染应急联动工作方案》	三省一市协商出台了《长三角区域空气重污染应急联动工作方案》，统一了各地区的预警启动标准，并对应急主要措施进行了规定与完善
2015 年 12 月	《长三角区域大气污染防治协作 2015 年重点工作建议》	"长三角区域大气污染防治协作机制"在上海召开第二次工作会议。会议梳理总结了上一年的联防联控工作，并形成了《长三角区域大气污染防治协作 2015 年重点工作建议》，作为 2015 年联防联控工作的总纲
2018 年 1 月	《长三角区域空气质量改善深化治理方案（2017—2020 年)》《长三角区域大气污染防治协作 2018 年工作重点》	"长三角区域大气污染防治协作机制"召开第五次工作会议，审议通过了《长三角区域空气质量改善深化治理方案（2017—2020 年）》《长三角区域大气污染防治协作 2018 年工作重点》

续表

时间	名称	内容
2018 年 5 月	《关于建立长三角区域生态环境保护司法协作机制的意见》	三省一市检察机关共同签署《关于建立长三角区域生态环境保护司法协作机制的意见》，建立长三角重大环境污染案件提前介入机制，统一生态环境保护司法尺度和证据认定标准，进一步筑牢长三角区域生态环境保护法治屏障
2018 年 6 月	《长三角地区环境保护领域实施信用联合奖惩合作备忘录》	三省一市信用办及环保部门签署了《长三角地区环境保护领域实施信用联合奖惩合作备忘录》，明确了环保领域区域信用合作内容，建立完善了区域信用合作机制，并发布了首个区域严重失信行为认定标准、联合惩戒措施
2018 年 8 月	《长三角区域大气和水污染防治协作近期重点任务清单》	长三角区域协作小组办公室印发了《长三角区域大气和水污染防治协作近期重点任务清单》，提出了 14 项近期重点任务，以加快推进长三角区域打好污染防治攻坚战
2018 年 10 月	《长三角区域大气污染防治协作小组工作章程（修订草案）》《长三角区域水污染防治协作小组工作章程（修订草案）》	"长三角区域大气污染防治协作机制"召开第七次工作会议。会议审议通过了《长三角区域大气污染防治协作小组工作章程（修订草案）》和《长三角区域水污染防治协作小组工作章程（修订草案）》
2018 年 10 月	《长三角区域环境保护标准协调统一工作备忘录》	三省一市共同签署《长三角区域环境保护标准协调统一工作备忘录》，统一了长三角区域大气协作治理的标准
2018 年 11 月	《长三角地区 2018—2019 年秋冬季大气污染综合治理攻坚行动方案》	长三角区域大气污染防治协作小组审议通过了《长三角地区 2018—2019 年秋冬季大气污染综合治理攻坚行动方案》
2019 年 4 月	长三角区域大气污染防治协作小组办公室第九次会议召开	会议听取了长三角区域大气防治协作情况、下阶段重点工作安排以及三省一市生态环境厅（局）关于本省（市）大气污染防治重点工作情况的汇报，研究讨论了大气污染防治协作小组年度工作会议方案等材料

时间	名称	内容
2019 年 5 月	《长三角区域柴油货车污染协同治理行动方案（2018—2020 年）》《长三角区域港口货运和集装箱转运专项治理（含岸电使用）实施方案》	长三角区域大气污染防治协作小组第八次工作会议召开，审议通过了《长三角区域柴油货车污染协同治理行动方案（2018—2020 年）》《长三角区域港口货运和集装箱转运专项治理（含岸电使用）实施方案》
2019 年 10 月	长三角区域大气和水污染防治协作小组（以下简称协作小组）办公室专题会在上海市召开	会议听取了协作小组办公室关于长三角区域大气和水污染防治协作近期重点工作进展和下阶段重点工作安排、三省一市生态环境厅（局）关于本省市污染防治重点工作情况，要求三省一市要继续"打好污染防治攻坚战"
2019 年 11 月	《长三角地区 2019—2020 年秋冬季大气污染综合治理攻坚行动方案》	三省一市及生态环境部、发展改革委等 10 部委印发《长三角地区 2019—2020 年秋冬季大气污染综合治理攻坚行动方案》
2020 年 1 月	长三角区域大气和水污染防治协作小组办公室工作例会在上海市召开	总结 2019 年区域生态环境协作合作工作情况，落实长三角合作环保专题轮值对接，研究讨论 2020 年协作工作重点，推进《长三角区域生态环境共同保护规划》编制和长三角生态绿色一体化发展示范区建设等重点工作
2020 年 10 月	《长三角地区 2020—2021 年秋冬季大气污染综合治理攻坚行动方案》	生态环境部等 10 个部门和三省一市联合制定了《长三角地区 2020—2021 年秋冬季大气污染综合治理攻坚行动方案》，提出了总体要求、主要目标、实施范围，并强调了深入推进一体化协作机制

资料来源：笔者自制。

（二）雾霾协作治理具体实践

为了实现"同守一片天、共享一朵云"的梦想，三省一市积极响应长三角区域协同治理的总体规划，努力打破"事不关己，高高挂起"的思维模式，树立"区域一盘棋"的治理思想，日积跬步、为雾霾协作治理同向前行。

表 3 - 19　　　　　地方政府为加强长三角地区雾霾协作治理
所进行的相关实践概览

	时间	内容
上海市	2013 年 11 月	上海市出台《上海清洁空气行动计划（2013—2017）》，提出"到 2017 年，重污染天气大幅减少，空气质量明显改善，细颗粒物（PM2.5）年均浓度比 2012 年下降 20% 左右"的目标
	2015 年 12 月	上海市改革委、上海市财政局、上海市环保局制定了《上海市挥发性有机物排污收费试点实施办法》。上海开始试点启动挥发性有机物（VOCs）排污费，排污收费分为三阶段，逐步提高收费成本
	2018 年 2 月	上海市组织召开大气污染防治强化方案动员部署会，总结了上一轮清洁空气行动计划取得的成效，部署了新一轮清洁空气行动计划的安排以及当年强化大气污染防治的主要工作
	2018 年 4 月	上海市人民政府办公厅印发《上海市 2018—2020 年环境保护和建设三年行动计划》。为打好污染防治攻坚战，加快改善生态环境质量，全面推进绿色转型发展，持续深化生态文明体制改革，推进生态环境治理体系和治理能力现代化，特制第七轮环保三年行动计划
	2018 年 7 月	上海市发布《上海市清洁空气行动计划（2018—2022 年）》并提出，加快建设城市绿色交通运输体系，减少移动源污染排放。同时该计划提出 2022 年全市空气质量要实现年均"优"的目标
	2019 年 6 月	上海市召开大气污染防治重点工作部署及推进会，分析了当前大气污染防治工作的四大特点，对 2019 年上半年大气污染防治工作进行了回顾
	2020 年 10 月	自 2020 年 10 月 1 日起，上海市高排放非道路移动机械禁止使用区范围将从外环线以内扩大至全市范围，在全市范围禁止使用国 I 及以前标准（2009 年 10 月 1 日前生产）的非道路移动机械
江苏省	2013 年 5 月	江苏省人民政府第 7 次常务会议讨论通过《江苏省大气颗粒物污染防治管理办法》，并于 2013 年 8 月 1 日施行。
	2014 年 1 月	江苏省政府印发 2014 年第 1 号文件《江苏省大气污染防治行动计划实施方案》。该方案的主要内容包括产业结构调整、工业污染治理、能源结构优化、发展绿色交通、治理城乡污染等 5 个方面的防治任务，以及强化科技支撑、加强监控预警、完善政策体系、推进联防联控、倡导公众参与等 5 个方面的保障措施

时间	内容
2015 年 2 月	江苏省十二届人大三次会议表决通过《江苏省大气污染防治条例》
2015 年	江苏省环保部门共立案查处环境违法行为 7764 件、处罚金额 4.065 亿元，同比分别上升 42% 和 75%。全省公安部门立案侦办环境污染犯罪案件 207 件，较 2014 年上升 48.9%
2016 年 12 月	江苏省政府印发《省政府关于钢铁行业化解过剩产能实现脱困发展的实施意见》，明确了严禁新增产能、坚决淘汰落后产能、严厉打击非法产能等重点工作措施，着力推动钢铁行业转型升级。组织开展全省钢铁企业产能情况普查，对全省钢铁行业冶炼企业名单及炼钢炼铁装备进行公示
2017 年初	江苏省政府办公厅印发《江苏省削减煤炭消费总量专项行动实施方案》，将"减煤"目标逐年分解到各市、县（市、区）及重点行业
2017 年 4 月	江苏省政府召开全省化解过剩产能工作会议，与各设区市人民政府签订《化解过剩产能目标责任书》，明确全省压减钢铁产能 634 万吨、煤炭产能 18 万吨、水泥产能 90 万吨、平板玻璃产能 200 万重量箱，并具体落实到企业和项目
2017 年	江苏省政府安排大气治理重点工程 4288 项，9 月份增补 912 项 VOCs 治理项目，截至 12 月底，共完成 5377 项，完成率 103.4%。其中，整治燃煤锅炉 11761 台，完成率 127.3%
2017 年	江苏省政府出台"VOCs 污染治理专项行动实施方案"，推进化工园区 VOCs 集中整治及重点工业行业 VOCs 污染治理，开展移动源及面源 VOCs 治理。2017 年完成 VOCs 整治工程 3793 项
2018 年 1 月	江苏省人民政府第 121 次常务会议讨论通过《江苏省挥发性有机物污染防治管理办法》，并于 2018 年 5 月 1 日起施行
2018 年 3 月	江苏省第十三届人民代表大会常务委员会第二次会议《关于修改〈江苏省大气污染防治条例〉等十六件地方性法规的决定》第一次修正
2018 年 9 月	江苏省政府印发《江苏省打赢蓝天保卫战三年行动计划实施方案》
2018 年 11 月	江苏省第十三届人民代表大会常务委员会第六次会议《关于修改〈江苏省湖泊保护条例〉等十八件地方性法规的决定》第二次修正

（表格左侧纵向标注：江苏省）

续表

时间	内容
江苏省	
2019 年 5 月	江苏省大气污染防治联席会议办公室印发《江苏省 2019 年大气污染防治工作计划》，明确 2019 年大气污染防治工作目标、主要任务、大气污染防治工程任务表
2019 年 7 月	江苏省大气污染防治联席会议视频会议在南京召开，通报全省 2019 年上半年大气污染防治工作情况，对 2019 年下半年重点任务进行了部署
2019 年 9 月	江苏省 PM2.5 与臭氧污染协同控制重大专项研究团队赴国家大气污染防治攻关联合中心开展调研
2020 年 3 月	江苏省生态环境厅召开全省大气污染防治工作会议，会议通报了 2019 年全省大气污染防治工作情况，总结去年大气污染防治工作经验，分析研判当前形势，研究部署当年目标任务，推进大气污染防治工作
2020 年 3 月	江苏省生态环境厅召开大气污染防治专题调度会，13 个省区市生态环境局汇报了各地大气污染防治工作情况，提出下一步工作要求
2020 年 4 月	江苏省大气污染防治联席会议办公室印发《江苏省 2020 年大气污染防治工作计划》，提出明确两大主要目标、实施十大重点任务、健全五大支撑保障体系、推进八大治气工程
2020 年 6 月	江苏省大气污染防治工作现场会在南京召开，交流今年工作，分析当前形势，并就下一阶段中的重点任务进行部署
安徽省	
2013 年 12 月	《安徽省大气污染防治行动计划实施方案》发布。该方案提出到 2017 年，全省空气质量总体改善，重污染天气较大幅度减少，优良天数逐年提高，可吸入颗粒物（PM10）平均浓度比 2012 年下降 10% 以上。力争到 2022 年或更长时间，基本消除重污染天气，全省空气质量明显改善
2013 年 12 月	安徽省政府办公厅印发实施《安徽省重污染天气应急预案》。该应急预案根据大气重污染可能造成的危害程度，将预警分为四个等级，并对应采取四级相应措施
2015 年 1 月	2015 年安徽省政府工作报告明确提出"PM10 继续下降，努力减少雾霾天气"
2015 年 1 月	《安徽省大气污染防治条例（表决稿）》在安徽省十二届人大四次会议闭幕大会以 87.3% 高票通过

	时间	内容
安徽省	2017 年 5 月	安徽省政府办公厅印发《安徽省重污染天气应急预案》，将重污染天气的预警等级分为四个，按重污染天气的发展趋势和严重性，对应区域蓝、黄、橙、红四级预警，重污染天气应急响应级别划分为区域Ⅳ级、Ⅲ级、Ⅱ级、Ⅰ级响应，Ⅰ级为最高级别
	2017 年 5 月	根据《安徽省重污染天气应急预案》，安徽省政府专门成立重污染天气应急工作领导小组，负责指挥协调全省重污染天气应对工作，对处置相关重大应急事项进行决策，发布、解除省级预警，督导各市重污染天气应急管理和信息公开等工作
	2018 年 2 月	安徽省政府召开 2018 年全省大气污染防治联席会议，通报了全省大气污染防治有关工作情况，2017 年全省空气质量改善目标完成情况计分办法和考核结果，以及 2018 年重点工作任务编制情况。参会单位集体审议《2017 年度空气质量改善目标完成情况计分方法（审议稿）》和《2018 年安徽省大气污染防治重点工作任务（审议稿）》
	2018 年 3 月	安徽省政府召开大气、水污染防治工作推进会，通报全省大气和水污染防治工作，确定 2018 年大气污染防治目标责任，安排部署下一步工作
	2018 年 6 月	安徽省环保厅召开全省环境执法工作电视电话暨大气污染防治督查调度会议，通报了全省大气污染防治督查工作开展情况
	2018 年 7 月	安徽省环保厅召开第八轮大气污染防治驻点督查调度会，第八轮大气污染防治督查选取未完成第二季度空气质量目标的淮北、六安 2 市及 PM2.5 高于 60 微克/米^3 的亳州、宿州、蚌埠、淮南 4 市，督查时长为 10 天
	2018 年 11 月	安徽省政府召开全省秋冬季大气污染综合治理攻坚行动动员部署电视电话会议，深入学习贯彻习近平生态文明思想，传达生态环境部应对重污染天气有关要求，部署安排下一步工作
	2018 年 12 月	安徽省政府召开全省秋冬季大气污染防治调度会，部署安排下一步工作
	2019 年 2 月	安徽省政府召开 2019 年全省大气污染防治联席会议暨一季度调度会议，会议听取了关于 2018 年全省大气污染防治工作情况和 2019 年重点工作任务的汇报，审议通过了《2019 年全省大气污染防治工作重点任务》

续表

	时间	内容
安徽省	2019 年 9 月	安徽省生态环境厅召开安徽省水泥工业大气污染物地方排放标准编制工作启动会
	2019 年 12 月	安徽省政府召开大气污染防治年内攻坚暨秸秆禁烧工作调度会，通报了安徽省当前大气污染防治进展情况
	2020 年 3 月	安徽省发布《安徽省地方标准〈水泥工业大气污染物排放标准〉》
	2020 年 6 月	安徽省生态环境厅召开污染防治攻坚战调度会，全面梳理总结攻坚工作进展和重点任务推进情况，分析当前形势，查找存在问题，研究谋划下一步重点工作
	2020 年 11 月	安徽省启动 2020—2021 年度秋冬季大气污染防治监督帮扶工作，主要目标是督促各市严格落实《安徽省打赢蓝天保卫战三年行动计划实施方案》《安徽省 2020 年大气污染防治重点工作任务》《长三角地区 2020—2021 年秋冬季大气污染综合治理攻坚行动方案》
	2020 年 11 月	安徽省机动车污染防治现场会在池州市召开，对交通领域大气污染防治提出了具体要求
	2020 年 11 月	安徽省扎实推进冬季大气污染综合治理攻坚行动暨生态环境突出问题整改现场会在淮北市召开，确保完成生态环境年度和"十三五"目标任务
浙江省	2014 年 12 月	浙江省委、省政府将大气污染防治工作纳入生态建设目标责任考核，并对县以上城市实行空气环境质量管理考核，考核结果作为领导班子和领导干部政绩考核的重要依据
	2015 年 2 月	在 2015 年浙江省政府工作报告中，"雾霾治理"名列 10 大民生实事之首。在实事方案中，各市结合自身污染源特征，制定具体措施。如杭州要全面淘汰黄标车，空气污染压力较大的湖州要让中心城区有证照餐饮企业油烟净化装置安装率达到 100%，舟山则要对区域内少有的污染型企业脱硫脱硝，金华 2015 年要实现 PM2.5 浓度比 2013 年下降 10% 以上
	2015 年	在资金投入方面，省市县三级财政共投入大气污染防治资金 80 多亿元，带动社会投入 400 多亿元。在执法方面，共查处环境违法案件 1.2 万件，行政、刑事拘留 1660 人

续表

	时间	内容
浙江省	2016 年 1 月	在 2016 年《政府工作报告》的 10 方面民生实事中，"加大雾霾治理力度"处于最重要的位置。并提出"完成 17 台大型燃煤机组超低排放技术改造，淘汰改造 8000 台燃煤小锅炉，新建 100 座新能源汽车充换电站、10000 个充电桩，全面淘汰黄标车"和"力争设区城市 PM2.5 平均浓度下降到 50 微克/米³左右"的目标
	2017 年 1 月	2017 年《政府工作报告》十方面民生实事的第一件就是"加大治霾力度"，全面完成大型燃煤机组超低排放技术改造，全面淘汰改造燃煤小锅（窑）炉
	2017 年 6 月	浙江省环保厅印发《关于做好挥发性有机物总量控制工作的通知（征求意见稿）》。文件要求，加快推进 VOCs 污染，做好 VOCs 总量控制工作。通知还指出，要充分认识工作的重要意义，抓紧制定计划，深化 VOCs 治理，切实加强 VOCs 污染的监测和监管
	2018 年 4 月	浙江省开展"蓝天保卫"1 号专项执法行动，进行为期 6 天的环境保护省级督查，以冬春季大气污染为突出重点时段，PM2.5 为大气污染重点改善因子，火电、钢铁、水泥、玻璃、垃圾焚烧等为突出重点行业领域
	2018 年 5 月	全省打赢蓝天保卫战现场会召开，会议现场观摩了 5 个大气污染整治项目，总结通报了五年来落实国家和省大气污染防治行动计划情况以及考核结果，动员部署打赢蓝天保卫战工作任务
	2018 年 10 月	浙江省美丽浙江建设领导小组大气污染防治办公室印发《浙江省清新空气示范区评价办法（试行）》
	2019 年 3 月	浙江省人民政府办公厅印发《浙江省重污染天气应急预案》，明确重污染天气应急组织体系及职责、应急准备、监测与预警、应急响应、区域应急联动等措施
	2020 年 6 月	浙江省人民政府印发《浙江省打赢蓝天保卫战三年行动计划》，提出"加快落后产能淘汰，调整优化产业结构""大力实施'十百千'工程，深化工业废气治理"等措施
	2020 年 11 月	印发浙江省水泥行业超低排放改造实施方案，提出水泥行业超低排放总体要求、改造要求、保障措施

资料来源：笔者自制。

三　我国区域雾霾协同治理困境

（一）区域利益与地方利益之间的矛盾

区域是指基于一定的自然、经济、政治、文化等因素而联系在一起的地域，往往跨越两个以上行政区域[①]。因此，区域利益通常产生于区域经济一体化、流域水环境综合治理、大气污染区域治理、大都市区跨界公共事务治理等区域公共管理领域。而地方利益是指在一定行政辖区内各种利益的综合，是地方政府及其官员利益、本地企业利益和本地居民利益的综合表现。

随着行政和财政分权改革的深入推进，以及各地围绕 GDP 展开的激烈角逐，追求地方经济迅速发展、地方官员向上晋升成为地方政府的必然选择。行政和财政的分权改革引发了地方政府为争夺税源、保护税源而进行的竞争，一方面使地方保护主义、分割市场大行其道，另一方面也使地方政府难以主动拿出"战利品"支付实现区域利益的费用。同时，在科层制下围绕 GDP 绩效的竞争，使政治晋升竞争本质上变成了一个零和博弈[②]，地方政府官员通常更关注本地经济数据，更希望在经济表现上超过其他地区，他们更倾向于推动那些只对当地有利的活动，而对那些可能带来区域共同利益但有"外部影响"的事务相对不够重视。由此看来，地方政府无法兼顾地方利益与区域利益，作为地方利益的代言人，地方政府很难为实现区域利益而产生合作的动机。

（二）地方利益与地方政府官员利益之间的矛盾

地方利益与地方政府官员利益之间存在着一个明显的委托—代理关系，即公众扮演地方利益委托人的角色，地方政府官员则是地方利益的代理人。根据"委托—代理"理论，委托人和代理人皆以在技术和激励规则的约束下实现自身利益最大化为自己的行动目标。委托人希望代理人恪尽职守地履行协议内容，帮助其实现委托目标；而代理人则认为，

其面临的基本激励问题是从在实现委托人目标过程中所获取的收益分配和个人付出的努力之间进行权衡，旨在用最少的努力获取最大化的个人利益。因此，在实际操作中，地方政府官员多数时候表现出一种以自我为中心的"理性"行为模式。这意味着他们往往优先考虑自身的经济和政治利益，而不是承担责任以促进地方共同利益。在某些情况下，这种自我优先的行为方式甚至会导致他们采取不道德手段来追求个人私利，即便这样做可能对地方利益造成损害。

在晋升竞争的背景下，地方政府官员的经济利益往往与政治利益紧密相连，以此驱使着官员去做那些既有极大寻租空间又有高昂"政治价格"①的事情，比如招商引资、土地开发、土地拍卖，而不去做那些经济成本高而可视性又不足的事情，比如提供教育、医疗、环境保护等公共服务。在委托—代理模型中，信息不对称问题通常极其严重。首先，代理人偏向于仅向委托人展示有限的信息，而大量其他信息由于缺乏有效的监管机制而难以被揭露；其次，因为信息获取成本过高，许多委托人并不愿意投入大量时间和资源进行深入的代理人监控，从而常常陷入无知的境地。由此看来，在委托—代理关系下，地方政府官员利益与地方利益不完全一致，有时存在冲突，甚至无法调和，从而使地方利益与地方政府官员利益之间的冲突成为"避害型"府际合作实现的一大障碍。

（三）长远利益与现实利益之间的矛盾

现实利益是指在一定时间或空间内能够实现的利益，而长远利益是指在较长时间和较大空间内才能获得的利益。现实利益的获取是长远利益实现的基础，但是，在一定程度上，实现现实利益和追求长远利益之间也存在着巨大的冲突。

从地区层面来看，现实利益是追求经济绩效，而长远利益是提供教育、医疗、环境保护等公共服务。由于长远利益具有隐蔽性和不确定性，而现实利益具有直接性和可见性，因此，"理性"的政府往往投入大量的人、财、物力追求现实利益，而不考虑长远利益，甚至竭泽而渔，不顾代际公平，牺牲下代人的福祉来换取当代人的利益。因而，地方政府更倾向于能够实现现实利益的合作，如区域经济一体化，而非常排斥绩效

---

① 皮建才：《转型时期地方政府公共物品供给机制分析》，《财贸经济》2010 年第 9 期。

非可视化但是有利于长远利益的合作，如大气污染治理。

　　从个人层面来看，随着"干部任期制"的用人规则和"干部年轻化"的用人标准的确立，地方政府官员只有在3—5年的任期内或者在职位所规定的年龄范围内作出显眼的成绩才能获得晋升，否则，"错过一时便错过一世"，将永远失去向上晋升的机会。加之当前干部退出制度缺失，失去晋升机会的官员只能在科层制中等待退休，而别无其他施展才能的机会。因此，为了"不掉队"并实现快速晋升，在晋升序列中的地方政府官员无不将大量的精力与财力投入能够快速出成绩的领域中，以实现GDP及相关经济指标的提升，由此助长了地方政府官员"短视化"的行为策略，使其只关心现实利益而忽视长远利益。

第 四 章

从提出到实施：区域雾霾治理中
府际协同的行动

第一节 "避害型"府际合作：雾霾治理中
府际协同的内在逻辑

随着区域一体化从经济领域向公共治理领域的延伸，区域公共事务的跨界性和复杂性不断提升。在流域治理、空气污染治理、灾害应对、公共安全等领域，一种以回应区域公共问题为出发点的府际合作渐成趋势。王郅强、王国宏将这种合作类型与经济领域的"趋利型合作"相对应，概括为"避害型合作"，即通过共同应对地方政府间所面临的公共问题，以避免或减少损害而形成的另一种双赢型合作①。"趋利"与"避害"并非仅仅作为区域府际合作的动机和起点，而且更深刻地影响着两类府际合作的理论逻辑与生成过程。在充分考虑属性分疏基础上，针对"避害型"府际合作开展专门研究将有助于化解流域治理、空气污染治理、灾害应对、公共安全等领域的府际合作的困境。

从本源出发，组织和个人采取合作行为的关键在于"合作比不合作更好"。这既包含对合作可能带来共同收益的预期，也包含不合作可能带来共同损失的权衡。相对于"趋利型合作"而言，"避害型合作"属性异质性表现在，地方政府是否采取合作行为，往往取决于不合作是否会给区域环境及社会治理带来损失，而非合作是否带来区域

---

① 王郅强、王国宏：《地方政府间合作的类型与影响因素述评》，《公共管理评论》2015 年第 3 期。

经济发展的好处。

国内学者对"趋利型合作"与"避害型合作"的异质性早有关注。杨龙很早就指出,地方政府间合作可以分为两种情况:一种是合作可以带来共同收益或降低交易成本,另一种是合作可以避免更大的损失①。麻宝斌、李辉将这种区分称为"开发性动因"和"回应性动因"②。其中,"回应性动因"的合作表现出被动性、任务性和局部性特征,一般要经历较长的博弈过程,且需要经过上级政府、媒体等第三方力量施加影响才得以实现。国外文献并未明确提出"趋利"和"避害"的概念,但实际研究中已开始关注从"趋利型合作"向"避害型合作"的发展趋势。Moravcsik 的早期研究认为,区域合作是区域内各地方相互依存和共同利益发展的必然结果③。Yin 进一步将笼统的"相互依存和共同利益"具体到资源依赖④。随着区域一体化向纵深推进,区域公共事务的跨界性和复杂性引发了地方间基于公共问题负外部性的"避害型"合作动机。Phillimore 指出,基于城市化带来的环境问题、社会问题的治理需求和基于区域统筹的公共服务均等化需求是地方政府开展合作的重要影响因素⑤。现有文献围绕区域地方政府间合作的总体动机进行了"趋利"和"避害"的划分,并指出两种动机下地方政府间合作的总体差异及其研究价值,为深化府际合作研究预留了空间。但后续专门针对某一类型府际合作生成机制的研究成果尚不充分,两种动机对地方政府间合作理论逻辑和生成机制的影响有待进一步考察。特别是已有府际合作研究多集中关注合作动机、行动者、情境在合作实施过程中的作用,但少有关注作为一种"避害型"府际合作,其提出过程中的情境及主体间互

①　杨龙:《地方政府合作的动力、过程与机制》,《中国行政管理》2008 年第 7 期。

②　麻宝斌、李辉:《中国地方政府间合作的动因、策略及其实现》,《行政管理改革》2010年第 9 期。

③　Moravcsik, A., "Negotiating the Single European Act: NationalInterests and Coventional Statecraft in the European Community", *International Organization*, Vol. 45, 1991, pp. 19 – 56.

④　Yin, X. P., "Regional Economic Integration in China: Incentive, Pattern, and Growth Effect", *Hong Kong Meeting on Economic Demography*, 2003, pp. 15 – 16.

⑤　Phillimore, J., "Understanding Intergovernmental Relations: Key Features and Trends", *Australian Journal of Public Administration*, Vol. 72, 2013, pp. 228 – 238.

动过程[1]。本书的研究问题聚焦于"避害型"府际合作是如何被提出的。事实上，这一研究已超出了府际合作研究的一般范畴，又不完全等同于其他领域公共问题进入议程的研究。

第二节 如何推开"避害型"府际合作的门？

"避害型"府际合作通常是先有问题、后有合作，具有被动性和时间延滞性特征[2]。与"趋利型"府际合作相比，这一类合作往往更难摆脱公地悲剧、集体行动的困境、委托—代理的困惑等合作"魔咒"，更难实现共同利益与局部利益、地方利益与政府利益、长远利益与短期利益之间的能量传递，这就决定了来自地方政府以外的权力介入至关重要。在中国自上而下的治理体制下，通常需要借助上级政府（特别是中央政府）通过政策出台或重要会议的方式强势提出[3]。此时的合作已不再是地方政府间在自主探索基础上的自发行为，而更多的是对上级政府政策要求的被动执行。另外，这种被动回应性特征不仅深刻影响着地方政府间合作的积极性，也会拖延中央政府提出合作要求的进程。"避害型"府际合作的达成不仅在于地方政府是否积极执行中央的合作政策，更在于中央政府是否及时回应棘手的区域公共问题，适时提出合作形式和具体要求，以推开"避害型"府际合作的门。从这一角度出发，深入探讨这些合作如何被提出，对于"避害型"府际合作的实践和理论思考至关重要。基

---

① Moravcsik, A., "Negotiating the Single European Act: NationalInterests and Coventional Statecraft in the European Community", *International Organization*, Vol. 45, 1991, pp. 19 – 56; Yin, X. P., "Regional Economic Integration in China: Incentive, Pattern, and Growth Effect", *Hong Kong Meeting on Economic Demography*, 2003, pp. 15 – 16; Phillimore, J., "Understanding Intergovernmental Relations: Key Features and Trends", *Australian Journal of Public Administration*, Vol. 72, 2013, pp. 228 – 238; [美] 肯尼思·华尔兹：《国际政治理论》，信强译，苏长和校，上海人民出版社 2003 年版，第 134 页；Xiong, W., Chen, B., Wang, H., Zhu, D., "Transaction Hazards and Governance Mechanisms in Public-Private Partnerships: A Comparative Study of Two Cases", *Public Performance & Management Review*, Vol. 42, 2019, pp. 1279 – 1304.

② 麻宝斌、李辉：《中国地方政府间合作的动因、策略及其实现》，《行政管理改革》2010 年第 9 期。

③ 邢华：《我国区域合作治理困境与纵向嵌入式治理机制选择》，《政治学研究》2014 年第 5 期。

于此，本书不仅希望针对"避害型"府际合作开展专门研究，更希望将"避害型"府际合作的实现过程细分为合作提出和合作实施，并集中针对合作提出开展细分研究。

一　研究设计

（一）研究方法

由于鲜有可供借鉴的理论模型，本书更适于采用具有探索性功能的质性研究。我们感兴趣的问题是在何种情境下，具备何种客观条件时，"避害型"府际合作的政策要求会被提出？在这一过程中是否同样存在中央与地方间的互动？这种对情境、过程和主导因素的探索性关注适用于案例分析法和过程追踪法（Process-Tracing）。过程追踪法聚焦于因果机制过程中每个阶段的众多行为与描述，展现各个关键要素的相互作用与运行机制，强调抓住影响结果的"关键变量"，即使在小样本研究设计下亦能找到与理论相符的那些事实[①]。需要指出的是，本书所要追踪的并非"避害型"府际合作的实现过程，而是合作形式被明确提出的过程。

（二）样本选取

自 2013 年起，京津冀围绕大气污染联防联控进行了大量探索和尝试。2015 年 12 月，京津冀三地环保部门正式签署《京津冀区域环境保护率先突破合作框架协议》，指出"以大气、水、土壤污染防治为重点，以联合立法、统一规划、统一标准、统一监测、信息共享、协同治污等 10 个方面为突破口，联防联控，共同改善区域生态环境质量"[②]。10 种合作要求并非《框架协议》首次提出，而是逐一经历了或长或短的过程（见表 4-1）。其中，仅有中后期个别合作由三地联合提出，其余大部分合作由中央层面提出。回溯式追踪十种合作形式的提出过程，可以提供具有典型性和解释力的现实依据。

---

① Mahoney, J., "Process Tracing and Historical Explanation", *Security Studies*, Vol. 24, 2015, pp. 200 – 218.

② 《〈京津冀区域环境保护率先突破合作框架协议〉解读》，北京市生态环境局网站（https://sthjj. beijing. gov. cn/bjhrb/index/xxgk69/zfxxgk43/fdzdgknr2/zcfb/zcjd89/1713245/index. html）。

表 4-1　　京津冀大气污染联防联控中府际合作形式的提出过程

合作之门	开启时间	主体	事件	表述
统一监测	2013.9	中国气象局和环境保护部	《京津冀及周边地区重污染天气监测预警方案》	重污染天气……将由……环境保护主管部门和气象主管部门联合组织开展，统一监测
统一标准	2013.9	中国气象局和环境保护部	《京津冀及周边地区重污染天气监测预警方案》	重污染天气预警等级全国统一标准……预警等级划分为Ⅲ级、Ⅱ级、Ⅰ级
环评会商	2014.3	环境保护部	《关于落实大气污染防治行动计划严格环境影响评价准入的通知》	京津冀及周边地区……以石化、化工、有色、钢铁、建材等为主导的国家级产业园区……环境影响报告书应进行区域内省际会商
联合宣传	2014.3	京津冀三地党委宣传部	"京津冀大气污染防治措施和进展"重大主题联合采访活动	建立联合宣传机制，共同宣传区域大气污染治理的进展和成效
信息共享	2014.6	京津冀及周边地区大气污染防治协作小组办公室	《京津冀及周边地区大气污染联防联控2014年重点工作》	建立协作小组工作网站，共享区域空气质量监测等信息
应急联动	2014.6	京津冀及周边地区大气污染防治协作小组办公室	《京津冀及周边地区大气污染联防联控2014年重点工作》	针对区域空气重污染天气，共同启动应急联动机制
协同治污	2015.3	北京、天津、河北、山西、山东、内蒙古	京津冀等六省区市机动车排放控制工作协调小组正式成立	机动车排放污染控制区域协同工作机制正式建立……标志着京津冀首次实现大气治理协同治污
联合立法	2015.5	京津冀三地人大	《关于加强京津冀人大协同立法的若干意见》	《关于加强京津冀人大协同立法的若干意见》通过，标志着京津冀协同立法正式破题
统一规划	2015.4	中共中央政治局	《京津冀协同发展规划纲要》	在生态环境保护方面……重点是联防联控环境污染，实施统筹规划……积极应对气候变化

合作之门	开启时间	主体	事件	表述
执法联动	2015.11	京津冀三地生态环境保护厅（局）	京津冀环境执法与环境应急联动工作机制联席会议	建立联动机制，共同成立京津冀环境执法联动工作领导小组……统一组织开展环境执法联动工作

资料来源：根据相关网站数据资料整理。

（三）资料收集

本书重点关注组织过程，而非组织成员的态度及倾向，加之地方政府间合作的抽象性、复杂性，通常很难通过访谈、实地观察等方法获得一手资料。基于必要性及可行性原则，本书的数据来源以二手资料为主，辅以一手资料：政策法规类，主要来自北大法宝等权威网站；互联网资料，主要来自中国气象局、中国环境保护部、中国环境监测总站，京津冀三地政府门户网站；部门内部资料，主要从北京、天津、河北三地环保部门获得。对京津冀雾霾的讨论可追溯至 2013 年，而"合作之门"全面开启的时间节点可明确至 2015 年底。为此，本研究资料搜集时间节点为 2013 年 1 月至 2015 年 12 月。

二　过程追踪与要素提炼

依照过程追踪法的基本思路，本研究首先按时间序列绘制"合作之门"开启的时间轴（见图 4 - 1），将 10 种合作形式的提出过程大致分为初始期、发展期和成熟期，并针对每一阶段进行过程追踪与范畴归纳。科宾和施特劳斯提出了质性研究的参考模型，用以发现和建立范畴之间的联系，包括以下三个部分：一是条件，形成被研究现象的环境或情境；二是行动/互动，研究对象对主体、事件或问题的常规性或策略性反应；三是结果，行动/互动的后果[①]。借助这一模型，本研究的案例追踪与范畴归纳，有意识地按照"情境—行动者—结果"的总体框架开展。

---

① ［美］朱丽叶·M. 科宾、［美］安塞尔姆·L. 施特劳斯：《质性研究的基础：形成扎根理论的程序与方法（第 3 版）》，朱光明译，重庆大学出版社 2015 年版，第 114—201 页。

图 4-1 "合作之门"开启时间轴

资料来源：笔者自制。

（一）初始期

2013 年 1 月，京津冀及周边地区 PM2.5 浓度达到 161 微克/米³。雾霾污染引发舆论高度关注，"雾霾"一词的百度搜索指数随即跃升至峰值。雾霾污染及其舆论关注得到中央层面的高度重视。2013 年 3 月，李克强指出："要下更大的决心，以更大的作为"铁腕治霾。9 月 10 日，国务院印发《大气污染防治行动计划》①。9 月，中国气象局和环境保护部联合发布《京津冀及周边地区重污染天气监测预警方案（试行）》指出，"重污染天气……将由……环境保护主管部门和气象主管部门联合组织开展，统一监测"，"重污染天气预警等级全国统一标准……"。② 至此，统一监测与统一标准被正式提出。

2013 年 11 月至 2014 年 1 月，京津冀及周边地区 PM2.5 浓度再次达到峰值，"雾霾"的百度搜索指数随即达到史上最高峰。2014 年 2 月，习近平总书记作出重要批示，"应对雾霾污染、改善空气质量的首要任务是控制 PM2.5"③。2014 年 3 月，环境保护部相继发布《大气污染防治先进技术汇编》和《关于落实大气污染防治行动计划严格环境影响评价准入的通知》，环评会商被正式提出。2014 年 3—4 月，京津冀三地联合开展了"京津冀大气污染防治措施和进展"重大主题联合采访活动，联合宣

① 《国务院关于印发大气污染防治行动计划的通知》，中国政府网（http://www.gov.cn/zhengce/content/2013-09/13/content_4561.htm）。

② 《"京津冀及周边地区重污染天气监测预警方案"发布》，中国政府网（http://www.gov.cn/jrzg/2013-09/30/content_2499041.htm）。

③ 《治雾霾首要任务是控制 PM2.5》，人民网（http://politics.people.com.cn/n/2014/0227/c70731-24475173.html）。

传被正式提出。

　　依据初始期统一监测、统一标准、环评会商与联合宣传 4 种合作形式的提出过程,可以提取出污染形势、舆论关注、重要表态、重要政策 4 种因素,并归纳出问题压力、舆论压力、层级压力 3 种主范畴(见表 4-2)。这一时期主范畴间的关联机理相对简单:当问题压力积聚到一定程度时,将引发舆论压力;舆论压力对中央政府施加外部影响,促使以重要表态和重要政策为主要形式的层级压力;在中央强大的层级压力下 4 种合作形式被提出,"合作之门"被强势开启。

表 4-2　　　　　　　初始期 4 种合作形式的提出过程

问题压力	舆论压力	层级压力	合作之门
➤污染形势 时间:2012.11—2013.1 事件:京津冀及周边地区重污染天气频发,波及范围广、持续时间长、污染程度高	➤舆论关注 时间:2013.1 事件:雾霾天气引发舆论关注	➤重要表态 时间:2013.3 事件:李克强 "铁腕治污" 承诺。 ➤重要政策 时间:2013.9 事件:《大气污染防治行动计划》	➤统一监测、统一标准 时间:2013.9 事件:中国气象局和环境保护部联合印发《京津冀及周边地区重污染天气监测预警方案》作出规定
➤污染形势 时间:2013.12—2014.2 事件:PM2.5 浓度再次达到峰值,雾霾问题依然严重	➤舆论关注 时间:2014.2 事件:对雾霾问题的关注达到小高峰	➤重要表态 时间:2014.2 事件:习近平总书记指示加大污染治理力度。 时间:2014.3 事件:李克强强调向雾霾污染宣战	➤环评会商 时间:2014.3 事件:环境保护部发布《严格环境影响评价准入的通知》。 ➤联合宣传 时间:2014.3—2014.4 事件:京津冀宣传部联合采访

资料来源:笔者自制。

(二) 发展期

2014 年 11 月,亚太经合组织 (APEC) 领导人非正式会议在北京召开,空气质量保障行动成为一项重大的政治任务。时任国务院副总理强调："要以高度的责任感、紧迫感和使命感，不折不扣地做好亚太经合组织会议空气质量保障工作"①。2014 年 6 月，京津冀及周边地区大气污染防治协作小组办公室印发《京津冀及周边地区大气污染联防联控 2014 年重点工作》②，明确提出"建立协作小组工作网站，共享区域空气质量监测、污染源排放、治理技术成果、管理经验等信息"和"针对区域空气重污染天气，共同启动应急联动机制"，信息共享和应急联动被正式提出。

表 4-3　　　　　　　信息共享和应急联动的提出过程

问题压力	层级压力	合作能量	合作之门
➤污染形势 时间：2014 上半年 事件：雾霾污染程度同比降低，但污染形势依然严峻	➤重大任务 APEC 会议空气质量保障工作。 ➤重要表态 时间：2014.5 事件：张高丽强调，空气质量保障是重中之重	➤组织基础 大气污染防治协作小组。 ➤技术支持 重污染天气应急预案制定、实施提供技术支持	➤信息共享、应急联动 时间：2014.6 事件：京津冀及周边地区大气污染防治协作小组办公室印发《京津冀及周边地区大气污染联防联控 2014 年重点工作》明确任务

资料来源：笔者自制。

　　2014 年 2 月，京津冀协同发展作为重大国家战略被正式提出。随后，河北省人大常委会法工委向北京市、天津市人大常委会法工委提出关于加强京津冀协同立法的倡议，得到两地积极响应。2014 年 5—8 月，京津冀三省市人大常委会和法制工作机构分别就《关于加强京津冀人大协同立法的若干意见（征求意见稿）》进行交流和磋商。2015 年 1 月，在征

　　① 《张高丽出席京津冀及周边地区大气污染防治协作小组第三次会议并讲话》，中国政府网（http：//www.gov.cn/guowuyuan/2014-10/24/content_2770355.htm）。
　　② 《京津冀及周边地区大气污染防治协作小组办公室近日印发〈京津冀及周边地区大气污染联防联控 2014 年重点工作〉》，北京市生态环境局网站（http：//sthjj.beijing.cn/bjhrb/index/xxgk69/sthjlyzwg/wrygl/601701/index.html）。

求了河北省和北京市人大方面意见后,天津市人大常委会将"区域大气污染防治协作"单列为《天津市大气污染防治条例(草案)》中的第九章。2015 年 3 月,三省市召开京津冀协同立法工作座谈会,形成《关于加强京津冀人大协同立法的若干意见(草案)》。2015 年 3 月,首次京津冀协同立法工作座谈会议通过了《关于加强京津冀人大协同立法的若干意见》,京津冀协同立法正式破题。

表 4-4   联合立法的提出过程

问题压力	层级压力	地方行为	合作之门
➢污染形势 时间:2014 下半年 事件:进入供暖期,PM2.5 浓度值有回升趋势	➢重大战略 时间:2014.2 事件:京津冀协同发展上升为国家战略	➢交流磋商 时间:2014.5—2014.8 事件:三省市就协同立法交流磋商 时间:2015.3 事件:《关于加强京津冀人大协同立法的若干意见(草案)》形成 ➢出台政策 时间:2015.1 事件:《天津市大气污染防治条例(草案)》将"区域防治协作"单列为章	➢联合立法 时间:2015.4 事件:三地通过《关于加强京津冀人大协同立法的若干意见》

资料来源:笔者自制。

2015 年 4 月,《京津冀协同发展规划纲要》提出"联防联控环境污染,实施统一规划,建立一体化环境准入和退出机制"[1],统一规划"合作之门"开启。

---

[1] 温薷:《京津冀协同发展规划:交通、环保、产业转移成突破口》,《新京报》2015 年 7 月 12 日第 A06 版。

表4-5   统一规划的提出过程

问题压力	层级压力	地方行为	合作之门
➢污染形势	➢舆论关注	➢重大战略	➢统一规划
时间：2015.4	时间：2015.2	时间：2015.4	时间：2015.4
事件：PM2.5 浓度值有所下降，但雾霾问题依然存在	事件：某环保公益片引发舆论关注	事件：《京津冀协同发展规划纲要》通过	事件：《京津冀协同发展规划纲要》，提出统一规划

资料来源：笔者自制。

这一时期，问题压力和舆论压力依然存在，主范畴间的关联机制呈现出差异性和复杂性的趋势（见表4-3、表4-4、表4-5），可以进一步提炼出重大任务、重大战略2项可纳入层级压力范畴的新要素。地方政府开始通过出台政策、交流磋商等方式对重大任务和重大战略作出回应，可以归纳为地方行为这一新的主范畴。初始期形成的组织基础、技术基础开始发挥作用，可以归纳为"合作能量"这一新的主范畴。

（三）成熟期

2015 年春，京津冀 PM2.5 平均浓度值 80 微克/米^3，依然属于轻度污染。2月底，某环保公益片引发舆论关注。2013—2015 年，京津冀及周边地区大气污染防治协作小组为雾霾合作治理提供了最佳平台；联防联控实践也提供了技术支持和经验支撑。《京津冀协同发展规划纲要》出台后，京津冀地区围绕各方面的合作逐渐增多。2015年3月，京津冀等六省区市机动车排放污染控制区域协同工作机制正式建立，首次实现大气污染协同共治。2015 年 11 月，京津冀三地环境保护部门成立京津冀环境执法联动工作领导小组，执法联动正式提出。

这一阶段可以在合作能量主范畴下提炼出经验积累这一新的要素（见表4-6）。除此以外没有发现新的要素和范畴，也说明要素提炼和范畴归纳达到了饱和。需要指出的是，尽管协同共治的提出时间稍早于联合立法和统一规划，但从其提出模式来看，仍可归纳为成熟期模式。

表4-6 成熟期2种合作形式的提出过程

问题压力	层级压力	合作能量	合作之门
➤污染形势 时间：2015.3 事件：雾霾污染有所缓解，但依然属于轻度污染	➤重大战略 时间：2015.4 事件：《京津冀协同发展规划纲要》审议通过，明确京津冀协同发展重大国家战略	➤组织基础 事件：大气污染防治协作小组 ➤技术支持 事件：雾霾治理技术积累。 ➤经验积累	➤协同治污 时间：2015.3 事件：京津冀等六省区市机动车排放控制工作协调小组成立……首次实现协同共治
➤污染形势 时间：2015.10—11 事件：秋冬供暖期PM2.5超标，雾霾污染集中暴发	➤重大战略 时间：2015.4 事件：《京津冀协同发展规划纲要》审议通过，明确京津冀协同发展重大国家战略	➤组织基础 事件：大气污染防治协作小组 ➤技术支持 事件：雾霾治理技术积累。 ➤经验积累	➤执法联动 时间：2015.11 事件：京津冀成立环境执法联动工作领导小组……开展执法联动

资料来源：笔者自制。

三 因果检验与模型阐释

（一）因果检验

任勇等[1]指出，社会科学的一个重要任务就是对因果机制的探寻，因果过程追踪法能够有效解决质性和量化研究在解释因果机制中的局限，在中国公共管理研究的变量组合、方法融合与实践场景等方面具有较大的发展潜力。为了进一步检验主范畴及其要素与合作提出时间的因果机制，课题组依据条件和结果的对应关系，对要素做三分处理：如某一要素在"合作之门"开启前出现并发挥重要作用，用"√"表示；在"合作之门"开启前未出现，用"×"表示；在"合作之门"开启前出现但未发挥重要作用，用"○"表示。整理形成要素与范畴归纳表，结果基

[1] 任勇、周芮：《公共管理研究中的因果过程追踪法应用及其拓展空间》，《中国行政管理》2023年第2期。

本符合过程追踪法所提炼的要素和范畴（见表4–7）。

表4–7 "合作之门"开启的要素与范畴归纳

情境					行动者						结果	
问题压力	舆论压力	合作能量			层级压力				地方行为		合作之门	
污染形势	舆论关注	组织基础	技术支持	经验积累	重要表态	重要政策	重大任务	重大战略	交流磋商	出台政策	合作形式	时间
√	√	×	×	×	√	√	×	×	×	×	统一监测	2013.9
√	√	×	×	×	√	√	×	×	×	×	统一标准	2013.9
√	√	×	×	×	√	○	×	×	×	×	环评会商	2014.3
√	√	×	×	×	√	○	×	×	○	○	联合宣传	2014.3
○	○	√	√	√	√	○	√	×	○	○	信息共享	2014.6
○	○	√	√	√	√	○	√	×	○	○	应急联动	2014.6
○	√	√	√	√	×	×	×	√	○	○	协同治污	2015.3
○	×	○	√	○	×	○	×	√	√	√	联合立法	2015.4
○	√	×	×	×	×	○	×	√	×	×	统一规划	2015.4
√	×	√	√	√	×	×	×	√	○	○	执法联动	2015.11

资料来源：笔者自制。

（二）模型阐释

在本书过程追踪研究中，每个阶段内部都存在一个互动场域，每个互动场域内含一系列"关键变量"推动创新向前递进式发展①。故而，本书不仅要寻求"避害型"府际合作提出过程中的关键变量，而且要力图挖掘不同阶段间的递进逻辑及每个阶段关键变量的作用机制（见图4-2）。

1. 府际"合作之门"的开启模式

图4-2表明"避害型"府际"合作之门"的三种开启模式。（1）"公共问题的压力引发"模式，多发生于合作初始阶段。问题压力积聚并引发舆论压力，进而引发层级压力，是这一过程的主要逻辑。（2）"层级压力的强势激发"模式，多发生于合作中期。尽管问题压力和舆论压力依然存在，合作能量和地方行为也开始发挥作用，主范畴间的关联机制呈现出差异性和复杂性的趋势。但从核心因果机制出发，促使几种合作被提上日程的主导因素依然是层级压力。（3）"合作能量的厚积薄发"模式，多发生于合作中后期，是围绕特定问题的府际合作发展到相对成熟阶段的重要标志。前期合作实践所形成的组织基础、技术支持、经验积累等促使府际合作"惯性"形成，成为"合作之门"开启的先导性因素；舆论压力偶尔发挥促进作用，地方行为的作用也不容忽视，但依然不是必要条件；问题压力与特定层级压力依然是"合作之门"开启的关键。

2. 三种开启模式间的递进逻辑

三种"合作之门"开启模式间并非彼此独立，而是遵循一定的时间顺序，呈现出递进式发展的逻辑。（1）早期"公共问题的压力引发"模式见效快，且具有开创性贡献，为其他领域的府际合作提供了可复制的经验和模式。但其弊端在于：一是过分依赖问题压力、舆论压力对层级压力的触发，开启难度较大，对触发时机要求较高；二是由于缺少合作能量的积累和地方行为的响应，合作主体自发性差、被动性强，合作的稳定性和可持续性不容乐观。（2）"层级压力的强势激发"模式往往依赖于特定的政治任务或重大战略。尽管这些因素存在不可持续性，但却在

---

①　黄六招、顾丽梅、尚虎平:《地方公共服务创新是如何生成的?——以"惠企一码通"项目为例》,《公共行政评论》2019年第2期。

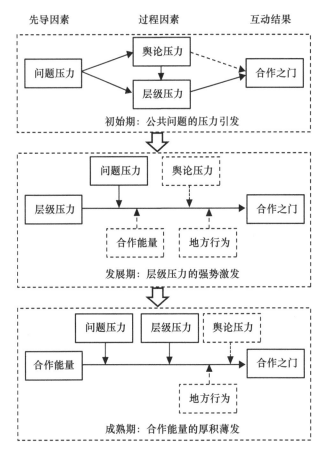

图 4 - 2 "避害型"府际"合作之门"的开启模式

注：纵向左侧一列代表促使合作提出的先导因素，中间一列代表过程因素，右侧一列代表互动结果。实线图框代表必要性因素，实线箭头代表必然性因果关联；虚线图框代表非必然性因素，虚线箭头代表非必然性因果关联。发展期和成熟期过程因素部分横线上方代表压力性因素，横线下方代表基础性因素。

资料来源：笔者自制。

整个合作进程中起到承前启后的作用，是拓展合作广度及深度的重要途径。（3）"合作能量的厚积薄发"模式得益于前两种模式的能量累积。在这一模式中，"地方行为"的主动性明显增强，合作的稳定性和可持续性也会有所增强。

3. 主范畴间作用效果的内在差异

（1）层级压力在"避害型"府际合作中的作用，特别是在合作早期和中期尤其关键。（2）问题压力在所有"合作之门"开启进程中不可或缺，但必须借助其他因素发挥作用。正如戴伊认为的那样，"决定哪些问题将成为政策问题甚至比决定哪些将成为解决方案还要重要"①。（3）在早期和中期，舆论升级能够对中央开启"政策议程"产生持续、间接的推动力②。（4）随着府际合作向纵深推进，"合作能量的渐进累积"更有利于摆脱被动局面，提升合作的主动性和自发性。（5）地方行为在联合立法合作中发挥了一定作用，但细致分析不难发现，在京津冀协同发展背景下，联合立法的合作动机已不仅限于回应区域环境污染，更带有积极参与区域一体化的"趋利"特征。因此，这一范畴对"避害型"府际合作的解释力已伴有"杂音"。

四 小结

在中国自上而下的治理场景下，"避害型"府际合作的达成不仅在于地方政府积极执行合作，更在于中央政府及时提出合作要求。为此，本书将注意力集中于合作形式的提出过程，探讨如何推开"避害型"府际合作的门。研究发现：首先，在不同阶段，形成了"避害型"府际"合作之门"的三种开启模式，包括"公共问题的压力引发""层级压力的强势激发"以及"合作能量的厚积薄发"模式。其次，三种开启模式间并非彼此独立，而是遵循一定的时间顺序，呈现出递进式发展的逻辑。早期"公共问题的压力引发"模式见效快，且具有开创性贡献，为其他领域的府际合作提供了可复制的经验和模式；"层级压力的强势激发"模式往往依赖于特定的政治任务或重大战略；"合作能量的厚积薄发"模式得益于前两种模式的能量累积。这一过程类似于以政治动员过程代替科层制常规过程的运动式治理，其要害就是叫停原有的常规机制，打断其惯

---

① ［美］托马斯·R. 戴伊：《理解公共政策（第十二版）》，谢明译，中国人民大学出版社 2011 年版，第 32 页。

② 陈贵梧：《"无组织的有序"：社会化媒体何以影响议程的设置？——以滴滴顺风车安全事件为例》，《电子政务》2021 年第 9 期。

性和节奏，强势开启一种新的机制①。最后，问题压力、舆论压力、层级压力、合作能量以及地方行为，是影响京津冀大气污染联防联控中"合作之门"开启的主范畴。但五种范畴在出现时机、角色扮演、组合方式和互动机制等方面表现出多样性和动态性特征。层级压力、问题压力在触发"合作之门"开启中的作用尤为关键；舆论压力会起到间接推动作用；前期合作积累虽非必要条件，但对于合作向纵深发展起到推动作用；地方政府间的横向联合具有促进作用，但这一要素本身需要自上而下的政治因素作为背景。

本部分的理论贡献表现在以下几方面。

首先，针对"避害型"府际合作的专门研究，拓展了区域府际合作的研究空间。与"趋利型"府际合作相比，"避害型"府际合作存在基于根本动因的属性差异。这一差异深刻影响着"避害型"府际合作的发生情境、关键行动者以及生成逻辑。尽管已有研究关注到"趋利"和"避害"动机的差异，但专门的理论研究尚显不足，特别是对"避害"动机下府际合作的生成过程、关键行动者、主导因素等尚缺乏关注②。在充分考虑属性分疏的基础上，针对"避害型"府际合作开展专门研究拓展了区域府际合作的研究空间，也将有助于化解流域治理、空气污染治理、灾害应对、公共安全等领域的府际合作的困境。

其次，针对"合作之门"开启过程的细化研究，回应了区域府际合作研究有关动机及行动者的争论。已有区域府际合作文献存在两种相互冲突的观念：一种观念认为，区域合作是各地方相互依存和共同利益发展的内生过程和必然结果；另一种观念则认为，区域合作更是基于外部

① 周雪光：《中国国家治理的制度逻辑：一个组织学研究》，生活·读书·新知三联书店2017年版，第151页。

② Moravcsik, A., "Negotiating the Single European Act: NationalInterests and Coventional Statecraft in the European Community", *International Organization*, Vol. 45, 1991, pp. 19 - 56; Phillimore, J., "Understanding Intergovernmental Relations: Key Features and Trends", *Australian Journal of Public Administration*, Vol. 72, 2013, pp. 228 - 238; 杨龙：《地方政府合作的动力、过程与机制》，《中国行政管理》2008年第7期；麻宝斌、李辉：《中国地方政府间合作的动因、策略及其实现》，《行政管理改革》2010年第9期；赵斌、王琰：《我国区域合作治理机制的研究进展》，《经济体制改革》2022年第1期。

权力压力与内部权力关系的权变互动①。本书表明，作为"避害型"府际合作的重要过程，合作的提出并非基于资源依赖关系及治理问题回应的逻辑必然。这一结论符合新自由制度主义学派②的观点，指示我们即便存在合作的应然，也同样需要外部权力压力适时提出合作要求。进一步，尽管持内源型观点的研究者认为，应当减少中央政府的纵向权力介入，激发地方政府基于合作的内在需求和冲动，Wilkins 也认为，"跨域性公共事务治理的协作性管理关键在于政府间的横向整合"③。但本书结论支持 Gunningham 和邢华的外源型观念④，即单单依靠地方政府的合作需求和合作意愿无法顺利达成"避害型"府际合作，关注中央层面纵向权力介入的时机、方式，对于化解"避害型"府际合作的困境具有重要意义。

最后，针对"合作之门"开启过程中主导因素的研究，深化了对中国场景下政策提出过程的认知。戴伊指出，"政府所作为和不作为的所有内容"⑤ 都是公共政策。"回应经济社会发展中突出矛盾或现实问题""避免不合作可能带来的损失"，"避害型"府际合作的这些特点与公共问题进入决策议程⑥的过程相似，问题压力、层级压力、舆论压力、合作能量也与多源流理论框架对问题流、政治流、政策流的讨论相类似。不同的是，多源流理论认为三种源流需同时汇聚，并未强调三种源流的角色占比和时空序列。本书则发现，中国场景下三种源流不仅存在作用大小

---

① Moravcsik, A., "Negotiating the Single European Act: NationalInterests and Coventional Statecraft in the European Community", *International Organization*, Vol. 45, 1991, pp. 19 – 56；［美］肯尼思·华尔兹：《国际政治理论》，信强译，苏长和校，上海人民出版社 2003 年版，第 134 页。

② ［美］肯尼思·华尔兹：《国际政治理论》，信强译，苏长和校，上海人民出版社 2003 年版，第 134 页。

③ 朱成燕：《内源式政府间合作机制的构建与区域治理》，《学习与实践》2016 年第 8 期；Wilkins, P., "Accountability and Joined-up Government", *Australian Journal of Public Administration*, Vol. 61, 2002, pp. 114 – 119.

④ Gunningham, N., "The New Collaborative Environmental Governance: The Localization of Regulation", *Journal of Law and Society*, Vol. 36, 2009, pp. 145 – 166；邢华：《我国区域合作治理困境与纵向嵌入式治理机制选择》，《政治学研究》2014 年第 5 期。

⑤ ［美］托马斯·R. 戴伊：《理解公共政策（第十二版）》，谢明译，中国人民大学出版社 2011 年版，第 285 页。

⑥ Birkland, T. A., *An Introduction to the Policy Process: Theories, Concepts and Models of Public Policy Making*, New York: Routledge, 2015, pp. 59 – 68.

的差异，还存在出场顺序和互动机制的差异。一是对层级压力的理解是中国场景与西方理论对话的重要议题。在本书的案例中，层级压力无论在初始阶段，抑或发展和成熟阶段，都始终作为合作提出的关键因素。这与中国场景下行政发包和晋升竞争的治理特点不无关系。二是层级压力的作用并非单独，也不能凭空。在合作初始阶段，由问题压力转化而来的舆论压力会对层级压力施加一定的外部影响。在合作中期阶段，层级压力则需要一些"焦点事件"①。在 APEC 会议空气质量保障行动和京津冀协同发展战略两项焦点事件中，与政治任务和重大战略相关的政策成为地方政府率先关注的重要议题②，超常规治理和跨越式发展实现了对固有模式的"破冰"。三是在中国场景下舆论压力非直接作用于地方政府，而是通过作用于中央政府，再通过层级压力间接发挥作用。特别是在合作初期和中期，"大众传媒的充分报道和公开讨论"使政策问题浮出水面，成为中央"政策议程"开启的前提③。

基于上述讨论，本书提出如下启示。一是作为一种特定类型的区域合作，"避害型"府际合作的实现并不存在逻辑上的必然。特别是在中国自上而下的治理场景下，中央政府的纵向权力介入对于合作达成至关重要。在某种意义上，合作要求的提出过程甚至比合作的执行过程更重要。当问题压力积聚到一定程度，上级政府应适时通过层级压力给予回应，避免错过"合作之门"开启时机，特别是避免因公共问题过度积聚导致不可控局面。二是应客观看待"避害型"府际合作的时间延滞性，重视问题压力、舆论压力的积累过程，既不能急于求成，也不能错过重要的节点和机遇。应善于利用焦点事件适时促成府际合作，但同时也应加强引导，使之保持在理性范围之内。三是应特别注重前期合作过程中组织、制度、经验等合作能量的积累。适时推动合作由"问题导向"向"结构

---

① ［美］弗兰克·鲍姆加特纳、［美］布赖恩·琼斯：《美国政治中的议程与不稳定性》，曹堂哲、文雅译，刘新胜、张国庆校，北京大学出版社 2011 年版，第 22—28 页；杨志军、欧阳文忠、肖贵秀：《要素嵌入思维下多源流决策模型的初步修正——基于"网络约车服务改革"个案设计与检验》，《甘肃行政学院学报》2016 年第 3 期。

② 杨华、袁松：《行政包干制：县域治理的逻辑与机制——基于华中某省 D 县的考察》，《开放时代》2017 年第 5 期。

③ 章平：《协商式吸纳：舆论意见如何进入决策过程》，《学海》2021 年第 4 期。

导向"转变，由初期向成熟阶段发展。四是在大数据、新媒体和人工智能时代，网络技术为信息传递与民众情绪表达提供了一个更加便捷、自由的通道，舆论丛林的碰撞和民意压力的聚合，对中央政策议程产生强大的冲击力[1]。应高度重视新媒体时代网络舆情累积效应，畅通多元主体共同参与、合理表达利益诉求的渠道，为提高政府回应能力、推进国家治理体系和治理能力现代化提供助力。

需要指出的是，尽管本书取得了一些有意义的结论，但仍存在不足和探索空间。一是本书重点考虑合作提出而非合作实施过程，在后续研究中将进一步讨论从"合作之门"开启到合作实施之间的过程及其要素。二是本书仅考虑动力源流，而没有考虑阻力因素，以及动力与阻力因素之间的互动关系。在从"合作之门"开启到合作实施的后续研究中，阻力因素的作用应当更加明显。三是本书主要以二手资料为主，虽然在数据处理中注重资料的权威性与客观性，并借助一手资料提供检验，但二手资料本身依然具有局限性。

第三节 "避害型"府际合作何以可能？

近年来，区域一体化从经济领域向公共治理领域转变，区域公共事务的跨界性和复杂性不断增强，流域治理、空气污染治理、灾害应对、公共安全等领域的地方政府间合作渐成趋势。尽管这些合作涉及领域和具体合作方式不同，但与区域经济一体化、基础设施建设、资源开发利用等领域的政府间合作相对，这些合作存在着某种共通性，即此类合作的总体动因并非基于合作可能带来共同利益的期待，而是基于不合作可能招致共同损失的回避。尹艳红依据利害权衡明确提出地方政府间合作的前提分为"趋利"和"避害"[2]。其中，"趋利"是指通过参与基础设施的建设与共同维护，如公路的建设、资源的共同开发等公益物品的合

① Shanahan, E. A., McBeth, M. K., Hathaway, P. L., et al., "Conduit or Contributor? The Role of Media in Policy Change Theory", *Policy Sciences*, Vol. 41, 2008, pp. 115–138.

② 尹艳红：《地方政府间公共服务合作的机制逻辑框架探析》，《四川行政学院学报》2012年第4期。

作提供，取得单方治理难以达到的效益；"避害"是指当地方政府面临环境污染治理、流域治理、灾害应对、公共安全、流动人口的社会保障等跨区域公共问题时，只有通过联合行动，才能避免损失。王郅强、王国宏进一步将地方政府间合作划分为"趋利型"和"避害型"，同时指出，由于目标取向和任务不同，"避害"动机的地方政府间合作在主导因素、社会情境、合作策略等方面表现出差异性①。在当前流域治理、空气污染治理、灾害应对、公共安全等领域地方政府间合作渐成趋势又面临诸多困境的情况下，有关"避害型"府际合作何以可能的解释具有更为迫切的理论需求。这就需要我们在充分考虑属性分殊的基础上，结合中国特定场景专门针对"避害型"府际合作开展理论研究。

在没有明确区分"趋利"和"避害"动机的情况下，区域地方政府间合作研究由来已久，并可大致分为总体动机、现实选择和关键行动者三个面向。这为本书提供了总体线索和对话标的。在合作动机方面，早期研究虽未明确提出"趋利"和"避害"的概念，但总体侧重于"趋利"性动机的考察，如张郁指出资源依赖是政府与其他主体之间良性互动的基础②。

相对于合作总体动机的研究，有关合作现实选择的研究者认为，即便在具备合作动机的情况下，由于受到政治、经济、社会等诸多条件的制约，公共部门也并不一定迅速采取合作行动③。比较有代表性的是Feiock 的制度性集体行动理论④。该理论认为，受到集体行动逻辑的影响，合作收益应区分为集体性收益和选择性收益，而交易成本和合作风险则由环境变量决定。如果合作收益高于信息、谈判、监督等交易成本，就能发生制度性集体行动，通过集体行动自行调整公共物品的数量，使

---

① 王郅强、王国宏：《地方政府间合作的类型与影响因素述评》，《公共管理评论》2015 年第 3 期。

② 张郁：《购买公共服务中契约式合作关系何以构建——基于嵌入性视角的分析》，《地方治理研究》2023 年第 1 期。

③ Xiong, W., Chen, B., Wang, H., Zhu, D., "Transaction Hazards and Governance Mechanisms in Public-Private Partnerships: A Comparative Study of Two Cases", *Public Performance & Management Review*, Vol. 42, 2019, pp. 1279 – 1304.

④ Feiock, R. C., "Metropolitan Governance and Institutional Collective Action", *Urban Affairs Review*, Vol. 44, 2009, pp. 356 – 377.

其达到帕累托最优。国内学者杨爱平、蒋硕亮、潘玉志等也给出支持性观点，即地方政府作为"经济人"天然具有追求自身利益最大化的动机，在合作收益不确定的情况下，地方政府往往选择竞争而非合作①。制度性集体行动理论构建了合作动机与现实选择之间权变互动的机理模型，被视为该问题研究的集大成者。但该理论认为地区间合作可以通过类似于市场交易的协商谈判过程来解决，不需要上级政府对这种外溢效应进行干预。相对于合作动机与现实选择的研究，新自由制度主义学派给出了竞争性观点②。该学派认为，区域合作不仅仅是地方政府基于收益—成本的纯粹考量和重复博弈的自主性、内生性过程，还是基于外部权力压力与内部权力关系的权变互动。这一观点引入了"外部行动者"的讨论，进一步丰富了地方政府间合作的理论体系。在西方场景下，对外部权力压力的讨论主要集中于公众、媒体、非政府组织等外部利益集团；而在中国自上而下的治理场景下，外部权力压力的讨论更侧重于上级政府（特别是中央政府）的纵向权力介入。对此，一些研究认为，在地方政府合作积极性不足的情况下应针对不同程度的府际合作困境选择恰当的纵向介入工具和机制③。另一种观点则认为应充分发挥地方政府合作积极性，避免纵向权力过多干预④。也有学者指出，府际合作的机制与模式既包括中央政府主导也包括地方政府协调，不同的机制与模式只是府际合作在不同阶段的策略选择。据此，陶希东⑤提出"中央主导—地方参与

---

①　杨爱平：《从垂直激励到平行激励：地方政府合作的利益激励机制创新》，《学术研究》2011年第5期；蒋硕亮、潘玉志：《大气污染联合防治机制效率完善对策研究》，《华东经济管理》2019年第12期；陈晓东：《从域观经济学范式认识中国奇迹》，《中国社会科学评价》2021年第1期。

②　Feiock, R. C., "Metropolitan Governance and Institutional Collective Action", *Urban Affairs Review*, Vol. 44, 2009, pp. 356–377；[美] 肯尼思·华尔兹：《国际政治理论》，信强译，苏长和校，上海人民出版社2003年版，第134页。

③　李辉：《"避害型"府际合作中的纵向介入：一个整合性框架》，《学海》2022年第4期。

④　Savitch, H. V., "Territory and Power: Rescaling for a Global Era", *Proceedings of the International Conference on Urban and Regional Development in the 21st Century*, Sun Yat-Sen University, 2011, pp. 17–18.

⑤　陶希东：《跨界区域协调：内容、机制与政策研究——以三大跨省都市圈为例》，《上海经济研究》2010年第1期。

型"跨界协调机制、"地方主导—中央辅助型"跨界协调机制和跨政府部门、民间非政府组织的主导型协调机制。杨龙等指出，府际合作的模式包括中央诱导模式、大行政单位主导模式和互利模式①。

笔者认为，任何组织或个人之间的互动行为都可以理解为行动者基于总体动机、现实选择以及其他行动者行为所作出的权变决策。那么，进一步聚焦本研究的话题，在中国自上而下的治理场景和"避害"这一总体动机给定的情况下，区域地方政府间合作面临着哪些现实选择？中央与地方两种"行动者"之间又将如何进行策略性互动？是否存在可供归纳的模式？本书将围绕这些问题开展讨论，建构"避害型"府际合作的生成机制，并与"趋利型"府际合作实践以及西方府际合作理论进行对话，希望为进一步深化中国场景下"避害型"府际合作的基础研究作出贡献，并为流域治理、空气污染治理等具体领域的合作给出更具解释力和可操作性的理论支持。

一 研究设计

(一) 研究方法

扎根理论适用于公共管理研究中因素识别、过程解读、复杂情况和新生事物类研究②。"避害型"府际合作既是一个新的研究视点，又包含着复杂的动态过程，应用扎根理论开展探索性研究，对于建构"避害型"府际合作的中层理论具有重要价值。依据程序化扎根思路，本书通过开放性编码、主轴编码、选择性编码三个步骤对文本资料进行逐项提炼和归纳。在不断比较、分析、归纳和概括的基础上，对文本资料中各类概念范畴及彼此之间的逻辑关联进行充分探索③，直至理论饱和后，得出崭新的理论构想（见图4 - 3）。

---

① 杨龙、彭彦强：《理解中国地方政府合作——行政管辖权让渡的视角》，《政治学研究》2009 年第 4 期。

② 熊烨：《我国地方政策转移中的政策"再建构"研究——基于江苏省一个地级市河长制转移的扎根理论分析》，《公共管理学报》2019 年第 3 期。

③ 蒋琳莉、张露、张俊飚等：《稻农低碳生产行为的影响机理研究——基于湖北省 102 户稻农的深度访谈》，《中国农村观察》2018 年第 4 期。

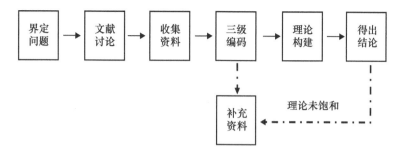

图4-3　扎根理论流程

资料来源:笔者自制。

(二)样本选取

2013年以来,为了减轻大气污染的负面影响,京津冀及周边地区开展了联防联控的探索和尝试,其间既有针对持续空气污染的常态化合作,也有针对"APEC会议空气质量保障行动"的临时性合作。这些合作总体符合本书所指地方政府间合作的"避害"特征,可以作为样本源。

2015年11月,京津冀三地环保部门签署《京津冀区域环境保护率先突破合作框架协议》,指出通过联合立法、统一规划、统一标准、统一监测、信息共享等10种合作形式开展大气污染防治①,为本书的样本抽取提供了现实依据。深入考察不难发现,10种合作形式自2013年起就陆续被提出,有些合作提出后随即被实施,有些则经历一段过程(见表4-8)。对10种合作形式从提出到首次实施这一过程的追踪可以为本研究的理论建构提供启发性指导②。

表4-8　　　　　　　　　　　　　案例汇总

合作形式	提出时间	内容表述
统一监测	2013.9	环境保护部启动重污染天气应急机制,联合中国气象局赴京津冀及周边地区进行专项督查

---

① 《〈京津冀区域环境保护率先突破合作框架协议〉解读》,北京市生态环境局网站(http://sthjj.beijing.gov.cn/bjhrb/index/xxgk69/zfxxgk43/fdzdgknr2/zcfb/zcjd89/1713245/)。

② Timmermans, S., Tavory, I., "Theory Construction in Qualitative Research: From Grounded Theory to Abductive Analysis", *Sociological Theory*, Vol. 30, 2012, pp. 167-186.

续表

合作形式	提出时间	内容表述
统一标准	2013.9	京津冀地级及以上城市试行统一重污染天气预警分级标准
环评会商	2014.3	未正式实施
联合宣传	2014.3	提出即实施
信息共享	2014.6	京津冀及周边地区完成区域大气污染防治信息共享平台建设
应急联动	2014.6	APEC会议《空气质量保障方案》全面启动，标志着京津冀三地首次实现大气治理应急联动
协同治污	2015.3	京津冀等六省区市机动车排放控制工作协调小组正式成立，标志着首次实现协同共治
联合立法	2015.4	在河北制定大气污染防治条例过程中，三地首次开展立法协同
统一规划	2015.4	京津冀及周边地区正式开始编制"区域空气质量达标规划"
执法联动	2015.11	三地环保部门首次启动环境执法联动机制

资料来源：笔者自制。

（三）资料收集

依据"三角测量"的要求，本书采用多种资料来源和搜集技术，并归纳为主资料和三角资料两大类别（见表4-9）。

1. 主资料

包括互联网资料、政策法规类资料、重要会议和讲话三种二手资料。由于本书包含10种合作形式从提出到实施的复杂过程，且时间跨度较长，实地调研和访谈等一手资料很难精确回溯整个过程，依据实用性原则，主要通过政府部门官网、搜索引擎等方式搜集有关京津冀大气污染联防联控的报道，结合政策法规类材料作为主资料。

2. 三角资料

包括半结构化访谈（一手资料）、个人调查日记（一手资料）和部门内部资料（二手资料）。综合这些资料建立起研究资料库，并串联起10份案例报告，形成可供开放性编码的素材。

表 4－9 资料来源及类型

资料类别	资料来源	编号	资料类别	资料来源	编号
主资料	互联网资料 （政府官网、搜索引擎）	a	三角 资料	半结构化访谈 （政府访谈、专家访谈）	d
	政策法规类资料 （政策文件、协议）	b		部门内部资料	e
	重要会议、讲话	c		个人调查日记 （观察、对话摘录、感想）	f

资料来源：笔者自制。

二 范畴提炼与模型构建

本书遵循 Yin 提出的复制法则，从多个子案例中选择其中一个或一组作为试验性案例，在获得理论发现后，再重复进行第二个或第二组子案例的验证或检验，直至理论饱和①。需要指出的是，案例研究所遵从的复制法则不同于抽样法则，而是与多元实验（multiple experiments）中的复制法则类似②。为此选取试验性案例时，通常不会过多考虑所选试验性案例相对于该项研究中其他案例的代表性或一般性问题，而更多考虑资料可获得性或案例复杂性两种因素。比如，"参与实验的受访者异常友好、平易近人，或者受访地点非常接近研究者所处的地理位置、便于实施试验性研究，或者该案例能提供大量的资料"③。也可能是另一种情况，"即挑选出来成为试验性研究的案例比真实进行的案例更为复杂，能够在实验过程中暴露实际研究中可能遇到的所有问题"④。在文本所涉及的 10 种府际合作形式中，"联合立法"通常被认为在合作深度和合作复杂性方面明显强于其他类型的合作，选择这一案例作为试验性案例有助于发现更丰富的要素。同时，在资料搜集过程中也能明显发现，有关京津冀

---

① Yin, R. K., *Case Study Research：Design and Methods*, Newbury Park：Sage, 2009, p. 12.

② ［美］罗伯特·K. 殷：《案例研究：设计与方法（第 5 版）》，周海涛、史少杰译，重庆大学出版社 2017 年版，第 117 页。

③ 参见［美］罗伯特·K. 殷《案例研究：设计与方法（第 5 版）》，周海涛、史少杰译，重庆大学出版社 2017 年版，第 117 页。

④ 参见［美］罗伯特·K. 殷《案例研究：设计与方法（第 5 版）》，周海涛、史少杰译，重庆大学出版社 2017 年版，第 117 页。

大气污染联合立法的公开资料比较丰富，也符合试验性案例选择的资料可获得性原则。为此，本书选择"联合立法"作为试验性案例，在此基础上逐步对其余子案例进行分析，直至理论饱和后得出崭新的理论构想。

（一）开放性编码及其范畴化

开放性编码是将资料分解、检视、比较、概念化和范畴化的过程。在这个阶段，研究者需要对文本资料进行逐词、逐句、逐段落的仔细阅读，并从中提炼、归纳出初始概念和初始范畴。这个过程既要完成资料的整理，又要完成资料的"清洗"。在对文本资料进行深入分析的基础上，本书针对联合立法这一子案例提炼出 22 条原始语句及对应的初始概念，聚拢形成 12 个初始范畴（见表 4-10）。

表 4-10　　　　　　　　　开放性编码与初始范畴提炼

资料摘录	概念化	范畴化
习近平在北京主持召开座谈会指出："京津冀协同发展意义重大，对这个问题的认识要上升到国家战略层面"	c1 京津冀协同发展上升为国家战略	A1 国家战略（B1 中央政府）
京津冀三省市人大常委会和法制工作机构分别就《关于加强京津冀人大协同立法的若干意见（征求意见稿）》进行交流和磋商	a1 京津冀三地交流磋商协同立法问题	A2 交流磋商（B2 地方政府）
河北省人大常委会向北京、天津发出《关于加强京津冀协同立法的几点建议》，得到京津回应	a2 京津冀三地交流磋商协同立法问题	
三地本着边议边干的原则，已开始尝试开展三地协同立法	a3 京津冀三地边干边议、初步尝试协同立法	A3 初步实践（B2 地方政府）
《天津市大气污染防治条例（草案）》将区域大气污染防治协作单列为第九章	b1 京津冀三地边干边议、初步尝试协同立法	
《中共中央关于全面推进依法治国若干重大问题的决定》指出，要……"实现立法和改革决策相衔接……"	b2 为京津冀协同立法提出政策要求	A4 政策要求（B1 中央政府）
《京津冀协同发展规划纲要》提出要推进交通、生态环保、产业三个重点领域率先突破	b3 为京津冀协同发展生态环保提出政策要求	

资料摘录	概念化	范畴化
三省市召开协同立法工作座谈会,形成《关于加强京津冀人大协同立法的若干意见(草案)》	c2 京津冀三地就协同立法达成共识	A5 达成共识 (B2 地方政府)
全国政协召开"推进京津冀协同发展中的大气污染防治"双周协商座谈会,京津冀三地政府负责人期望进一步打破行政区划概念,加快推进区域共同立法	c3 京津冀三地就协同立法达成共识	A5 达成共识 (B2 地方政府)
京津冀三地人大常委会出台《关于加强京津冀人大协同立法的若干意见》,三地将结合京津冀协同发展需要来制定立法规划和年度计划……	b4 京津冀三地就协同立法建章立制	A6 建章立制 (B2 地方政府)
环境保护部环境规划院副院长、总工程师王金南透露,京津冀将加快推进区域环保立法……	c4 京津冀三地加快推进协同立法	
两地与会领导明确京冀两地人大要进一步探索立法联席会议、重大立法项目攻关等立法协同机制……	c5 京冀两地加快推进协同立法	
三地人大代表再次达成共识,京津冀协同发展立法要先行,充分发挥立法的引领和保障作用	a7 京津冀三地再次就协同立法达成共识	A7 深入探索 (B2 地方政府)
北京市人大常委会组织全国人大北京团部分代表就京津冀协同发展和 2022 年冬奥会筹办工作到河北省张家口市进行调研视察	a8 京冀就协同发展密切往来	
河北省人大常委会组织 51 名常委会组成人员和各设区市人大常委会主任,到北京、天津进行学习考察	a9 京冀就协同发展密切往来	
环境保护部、发展改革委将积极支持和指导京津冀等地方立法……	a10 上级积极支持和指导京津冀等地方立法	A8 多次指导 (B1 中央政府)
"京津冀三地协同立法项目,不仅要考虑本地需求,更要考虑其余两地的利益关切,在这其中信息和沟通需要耗费大量时间和精力"	d1 联合立法过程中最大的成本是信息和沟通成本(政府访谈)	A9 执行成本增加 (B2 地方政府)

资料摘录	概念化	范畴化
"如果没有京津冀协同发展国家战略，我觉得地方政府很难主动合作立法，毕竟地方性法规打通使用，各自执法过程中的操作权限就见小了"	d2 联合立法过程中最大的成本是信息和沟通成本（专家访谈）	A10 裁量空间减小（B2 地方政府）
……	……	……

注：（1）a、b、c、d、e、f 分别代表互联网资料、政策法规类资料、重要会议和讲话、半结构化访谈、部门内部资料、个人调查日记。A 代表要素或行动；B 代表要素或行动的主体，即行动者。（2）因本书的主要任务是在控制住"避害型"府际合作这一总体动机的前提下，重点考察促成地方政府间合作的关键行动者、主导因素及其互动过程，为此，在编码中忽略雾霾污染严重性这一公共问题的压力因素。

资料来源：笔者自制。

（二）主轴编码

主轴编码是在开放性编码的基础上，对初始范畴进行比较、分析，挖掘出范畴之间存在的相互关联，并据此进行归类，以形成逻辑更加清晰的主范畴。在主轴编码阶段，概念与类属之间的关系将更为明确，核心与重要的概念也会浮现出来，为扎根理论方法建构理论提供框架①。本书根据主轴编码规则对初始编码进行提炼，归纳出四个主范畴。各主范畴及相应的初始范畴见表 4 – 11。

表 4 – 11　　　　　　　　　　主轴编码与主范畴提炼

主范畴	初始范畴	内涵解释
任务压力	国家战略	通过国家战略使京津冀三地政府感知到明确的任务压力
	政策要求	通过《决定》、《规划纲要》等政策要求释放任务压力

---

① 贾哲敏：《扎根理论在公共管理研究中的应用：方法与实践》，《中国行政管理》2015 年第 3 期。

续表

主范畴	初始范畴	内涵解释
合作成本	执行成本增加	三地协同立法的协调过程增加了信息和沟通成本
	裁量空间减少	地方性法规打通执行，减少了地方自由裁量空间
横向协调	交流磋商	主动接触、深入座谈、协商探讨
	初步实践	边干边议、初步尝试
	达成共识	形成《意见（草案）》达成共识
	建章立制	共同出台《意见》，建章立制
	深入探索	加快推进、密切往来
过程压力	多次指导	上级政府的积极支持和多次指导是在合作过程中施加的压力

资料来源：笔者自制。

（三）选择性编码与模型构建

选择性编码阶段需要对上一阶段形成的主范畴进行深入探究，分析其内在关联后，从中挖掘出核心范畴，并对核心范畴与主范畴之间的逻辑关联进行系统分析，梳理出一条完整的"故事链"。在"故事链"中将核心范畴有机串联，进而使新鲜的理论逐渐浮现出来。本书在对上一阶段形成的 4 个主范畴进行统合分析后，总结出如下联结机理（见表 4 - 12）。

表 4 - 12　　　　　　　　选择性编码与典型联结机理描述

联结机理	内涵解释
任务压力 成本考量 ⟶ 合作意愿	任务压力、成本考量共同影响着地方政府的合作意愿
过程压力 ↓ 合作意愿 ⟶ 合作达成	通过过程压力提高"合作意愿—合作行为"之间的关系强度

续表

联结机理	内涵解释
合作意愿 → 合作达成 横向协调	通过横向协调提高"合作意愿—合作行为"之间的关系强度

资料来源：笔者自制。

经过选择性编码，联合立法过程便有一个清晰的故事线索：在京津冀协同发展上升为国家战略的背景下，《中共中央关于全面推进依法治国若干重大问题的决定》和《京津冀协同发展规划纲要》先后从中央政策层面释放出"京津冀联合立法"的信号，使京津冀地方政府感受到联合立法的任务压力。在对合作成本进行衡量后，京津冀三地地方政府经历了交流磋商、初步实践、达成共识、建章立制、深入探索等一系列横向协调过程，并在中央政府的多次指导下，实现京津冀联合立法。经过选择性编码后的联合立法合作生成模型见图4－4。

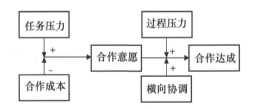

图4－4 "联合立法"合作生成机制的简化模型
资料来源：笔者自制。

（四）多案例研究与饱和度检验

在对联合立法案例进行深入分析后，本书逐步引入统一规划、统一标准、统一监测、信息共享、协同治污、执法联动、应急联动、环评会商、联合宣传等案例，以补充和完善上述研究结果，直至不再产生新的概念和关系为止，从而提高理论的饱和度和结论的严谨性。此外，笔者将研究结果反馈给两位以上关注本研究领域的专家学者，经过反复修改直至看法和结论总体一致。本书后续聚拢形成的初始概念和初始范畴（见表4－13），由于篇幅限制，只列举部分。

表 4-13　　　　　　对后续 9 个案例分析得到的范畴和面向

案例	范畴	面向
统一规划	政策要求（中央政府）	国务院《大气污染防治行动计划》给出各地空气治理目标。
		环境保护部、发展改革委等 6 部门联合印发《京津冀及周边地区落实大气污染防治行动计划实施细则》。
	组织保障（中央政府）	京津冀及周边地区大气污染防治协作小组成立。
	反复表态（中央政府）	国务院总理在作政府工作报告时指出……困扰京津冀地区大气污染问题的统筹规划已势在必行。
	达成共识（地方政府）	协作小组办公室召开六省区市环保厅（局）长座谈会，统一京津冀区域大气治污的思路
	……	……
统一监测	政策要求（中央政府）	《大气污染防治行动计划》提出，环保部门要加强与气象部门的合作，建立重污染天气监测预警体系。
		中国气象局、环境保护部联合发布《京津冀及周边地区重污染天气监测预警方案》，计划自 2013 年 11 月供暖期起，在京津冀等地区开展重污染天气监测预警试点工作。
	讲话批示（中央政府）	国务院副秘书长指出，要……做好重污染天气监测和预警工作。
	组织保障（中央政府）	中国气象局京津冀环境气象预报预警中心在京成立。环境气象中心是我国第一个区域性环境气象中心。
	直接组织（中央政府）	中国气象局与环境保护部共同组织中央气象台、环境监测总站、京津冀环境气象预报预警中心开展京津冀及周边地区区域重污染天气预警应急演练
	……	……
……	……	……

资料来源：笔者自制。

三　模型阐释

（一）"避害型"府际合作的关键行动者与主导因素

结合多案例分析后提取出的新范畴和新面向，本书对之前构建的简化模型进行充实与修正，最终归纳出"避害型"府际合作生成机制模型。其中主要包含中央和地方两方面的关键行动者，任务压力、合作成本、过程压力和横向协调 4 个主导因素。任务压力、合作成本分别为正向和反向前置驱动因素，过程压力和横向协调分别作为纵向和横向过程调节因素（见图 4-5）。

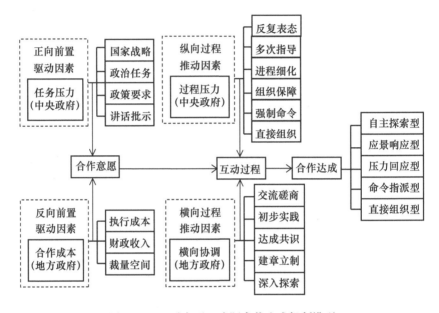

图 4-5 "避害型"府际合作生成机制模型

资料来源：笔者自制。

1. 中央政府——正向前置驱动因素

中央层面通过领导人重要讲话和《京津冀协同发展规划纲要》等形式将京津冀协同发展上升为国家战略，通过重要会议和领导人讲话将京津冀 APEC 会议期间的空气质量保障上升为政治任务，通过出台政策和领导人讲话对京津冀大气污染联防联控提出政策要求，通过讲话批示强调京津冀大气污染联防联控的重要性。通过上述途径施加的任务压力成为京津冀大气污染治理中地方政府间合作的正向前置驱动因素。

2. 地方政府——反向前置驱动因素

任务压力并不必然导致地方政府间合作。出于自利性的考虑，地方政府还会依据合作可能带来的执行成本增加、财政收入减少以及自由裁量空间减少等不利因素作出合作或不合作的权衡。这些因素成为"避害型"府际合作中的反向前置驱动因素，并与正向前置驱动因素共同构成某一种合作形式的结构性前提，即地方政府的合作意愿是在对任务压力和合作成本综合权衡后的结果，只有当正向前置驱动因素与反向前置驱动因素间的差值达到临界点时，地方政府间合作才能顺利达成。反之，地方政府会对合作产生抵触情绪，从而难以产生合作意愿。

3. 中央政府——纵向过程推动因素

当合作意愿不足以触发合作时，中央政府可以通过多种途径进一步施加过程压力，以调节合作意愿与合作行为间的关系强度，推动地方政府间合作。具体包括反复表态，如"环境保护部部长在京津冀及周边地区大气污染防治座谈会上再次指出修订重污染天气应急预案"；多次指导，如"环境保护部、发展改革委将通过立法指导、研讨、座谈和调研等形式，积极支持和鼓励北京市、天津市出台《大气污染防治条例》"；组织保障，如"环境保护部先后召开 6 次部长专题会和办公会，成立了由部领导任组长的环境保护部保障工作小组"；进程细化，如"张高丽副总理出席京津冀及周边地区大气污染防治协作小组第三次会议，审议通过了《APEC 会议空气质量保障方案》"；强制命令，如"习近平总书记亲自过问并多次进行批示，李克强总理会前多次作出重要批示"；直接组织，如"环境保护部派出 15 个督查组对 6 省（区、市）的 24 个重点地市空气质量保障方案落实情况进行了第一阶段督查"。

4. 地方政府——横向过程推动因素

正、反向前置驱动因素提供了影响合作意愿的结构性前提，当中央层面进一步施加过程压力时，地方政府也会依据正反向前置驱动因素所提供的结构性前提，通过横向过程推动因素作出回应，促成地方政府间合作。具体方式可以包含交流磋商、初步实践、达成共识、建章立制、深入探索等。这些方式与中央层面的纵向过程推动因素共同形成"避害型"府际合作中的互动过程。

（二）"避害型"府际合作的生成模式

由案例分析可知，当任务压力与合作成本间的差值较大时，地方政府横向协调的积极性较高，中央层面会将纵向过程推动因素的强度控制在较弱水平，以发挥地方政府的能动性并控制总体行政成本。反之，当任务压力与合作成本间差值较小甚至为负时，地方政府横向协调的积极性较弱，中央层面纵向过程推动因素的强度会逐渐增大，直至促使合作达成。通常情况下，中央政府纵向推动因素与地方政府横向推动因素间存在此消彼长的策略性互动关系。依据中央政府纵向过程推动因素由弱至强的顺序，可以将"避害型"府际合作模式分为自主探索型、应景响应型、压力回应型、命令指派型和直接组织型 5 种合作模式（见表 4 - 14）。

表 4 - 14   "避害型"府际合作生成模式的一般情形概览

生成模式	对应案例	横向协调（地方政府）	过程压力（中央政府）
直接组织型	统一监测	极弱	极强
命令指派型	统一标准	弱	强
压力回应型	协同治污	中	中
	执法联动		
应景响应型	信息共享	强	弱
	统一规划		
	联合立法		
自主探索型	联合宣传	极强	极弱

资料来源：笔者自制。

一是直接组织型。指中央政府过程压力极强，地方政府横向协调积极性最弱的"避害型"府际合作。例如，在京津冀大气污染联防联控的统一监测合作中，上级政府为确保合作达到预期效果，直接组织开展京津冀及周边地区重污染天气预警应急演练，以此强有力地推动合作。

二是命令指派型。指中央政府过程压力强，地方政府横向协调积极性弱的"避害型"府际合作。例如，在统一标准合作中，中央政府通过反复表态、不断施压，促使地方政府作出尝试实践和签署合作协议的努力，以此促成合作。

三是压力回应型。指中央政府过程压力适中，地方政府横向协调积极性也适中的"避害型"府际合作。例如，在协同治污中，一方面中央政府通过进程细化和组织保障，向地方政府施压；另一方面地方政府响应上级要求,与其他地方政府积极交流磋商,以此促成合作。

四是应景响应型。指中央政府过程压力弱,地方政府横向协调积极性强的"避害型"府际合作。例如,联合立法中,地方政府在感受到任务压力后,积极进行交流磋商、初步实践、达成共识、建章立制、深入探索等一系列努力;中央政府则仅以多次指导、进程细化等形式,施加较小的过程压力,最终主要依靠三地政府的合力推动实现合作。

五是自主探索型。指中央政府过程压力极弱,地方政府横向协调积极性极强的"避害型"府际合作。例如,联合宣传中,地方政府在感受到任务压力后,立刻积极响应上级要求,通过交流磋商、积极探讨等一系列努力,顺利促成合作。此时,中央政府无须再加入纵向过程推动。

当然,在纵向过程推动因素与横向过程推动因素此消彼长的总体情况下,也存在个别特殊情形。例如,在应急联动这一合作中,基于正、反向前置驱动因素的差值,中央政府只需施加程度中等的压力便可促成合作。但由于"APEC 会议空气质量保障行动"这一合作任务具有重要的政治意义,中央政府的纵向过程推动会呈现出运动式增强,合作模式也会进一步升级为命令指派型。再如,在环评会商这一合作形式中,由于执行成本过高,特别是基于财政收入减少、自由裁量空间减小等问题的考量,地方政府的横向协调积极性不足以达成合作。但由于环评会商的最终组织者只能是地方政府,中央政府的纵向过程推动仅能限定在命令指派而无法上升为直接组织,该项合作达成将非常困难。

(三)"避害型"府际合作的生成条件

为了更清晰地表达"避害型"府际合作的生成条件,本书尝试构建关键变量间互动关系的数学公式。如下所示:

$$m = A - B \tag{4-1}$$

$$C = g\ (m) \tag{4-2}$$

$$Y = C + D \tag{4-3}$$

式(4-1)中,m 表示地方政府雾霾治理合作意愿,其强度由任务压力(设为 A)与合作成本(设为 B)之间的差值决定。合作意愿直接影响地方政府横向过程推动因素的强度(设为 C),可以将 C 视为(A-B)的函数,用 g(m)表示。Y 表示地方政府的合作达成所需的全部能量。当 C 的能量不足以达成合作时,需要中央政府的纵向过程推动因素

（设为 D）加以补充。

进一步，将公式（4-2）代入公式（4-3），可以得到公式（4-4）：

$$Y = g(m) + D \qquad (4-4)$$

设合作生成所需能量为 1。那么，当 Y >（=）1 时，即合作所需能量达到临界点，合作能够达成；反之，当 Y < 1 时，即合作所需能量没有达到临界点，合作不能达成。如公式（4-5）：

$$Y = \begin{cases} 合作达成，Y >（=）1 \\ 合作未达成，Y < 1 \end{cases} \qquad (4-5)$$

进一步，作为"避害型"府际合作推进过程中的关键变量，当中央政府纵向过程推动因素的强度大于等于 1 减去地方政府横向过程推动因素时，才能保证合作达成。可得到公式（4-6）：

$$D >（=）1 - g(m) \qquad (4-6)$$

四　小结

本书选取京津冀大气污染联防联控中 10 种合作形式，通过探索性扎根细致刻画从合作提出到步入"合作殿堂"的过程，对纵向权力与横向协调之间的策略性互动及其主导要素进行逐层归纳，并生成"避害型"府际合作生成机制模型。研究表明，与"趋利型"府际合作相对应，"避害型"府际合作表现出鲜明的特征并形成了基于中国场景的特定逻辑。

一是"避害型"府际合作总体特征的考证。在"趋利型"府际合作中，基于合作收益的预期，地方政府通常倾向于在横向协调过程中探索恰当的合作形式，边试边行，直至形成合作框架协议。如，李辉、钱花花曾描述"广佛同城"中地方政府间合作的酝酿、启动、推进、拓展的过程[1]。但在"避害型"府际合作中，往往是先由中央政府、政协、行业专家等提出合作形式，而后通过外力艰难地推进合作。从合作提出到合作实施往往需要经历起始、过程、结果的系列过程，表现出被动性和时

---

[1]　李辉、钱花花：《"广佛同城化"建设及其对中国地方政府间合作的启示》，《科学与管理》2012 年第 1 期。

间延滞性的特点。这与麻宝斌、李辉早期研究中有关"回应性"地方政府间合作的特征概况①大致相符。

二是中国场景下"避害型"府际合作关键行动者的讨论。新自由制度主义学派与新现实主义学派有关地方政府间合作的论争焦点集中于地方政府间合作是一个内生过程还是外部权力压力与内部权力关系的互动过程②。对此,本书表明,在公共问题压力给定的情况下,"避害型"府际合作的直接动机并非基于合作利益的源发驱动,而是来自中央政府任务压力的驱动,并需要经过中央过程压力推动与地方政府横向协调推动的互动过程。这一结论呼应了新现实主义学派的观点,也与"趋利型"府际合作存在明显差异,即地方政府间合作不仅仅是基于利益驱动或问题回应的内生过程,更是外部权力压力与内部权力关系互动的结果③。为此,与"趋利型"府际合作相对照,在"避害型"府际合作中,更应关注外部权力压力,以及内外部行动者之间的策略性互动。特别是在中国自上而下的治理场景中,纵向压力与横向协调间策略性互动的作用甚至可以超越合作动机和现实条件等因素,构成中国地方政府间合作的主轴。同时,尽管国内学者对地方政府间合作过程中央地互动的模式有不同的总结,但本书表明,在中国场景下的"避害型"府际合作中,来自中央的纵向权力介入将贯穿合作始终、发挥至关重要的作用。

三是"避害型"府际合作主导因素与互动过程的讨论。当问题压力给定的情况下,中央政府的任务压力是地方政府间合作的前置驱动因素,体现了纵向权力介入对"避害型"府际合作的驱动作用。当任务压力给定的情况下,合作意愿主要取决于地方政府从自身利益出发对合作综合成本的考量。在中国场景下,这些成本主要包含执行成本、财政收入减少的成本和自由裁量空间减小的成本。合作形式本身就决定了合作的综

---

① 麻宝斌、李辉:《中国地方政府间合作的动因、策略及其实现》,《行政管理改革》2010年第9期。

② [美]肯尼思·华尔兹:《国际政治理论》,信强译,苏长和校,上海人民出版社2003年版,第134页;Moravcsik, A., "Negotiating the Single European Act: NationalInterests and Conventional Statecraft in the European Community", *International Organization*, Vol. 45, 1991, pp. 19-56.

③ [美]肯尼思·华尔兹:《国际政治理论》,信强译,苏长和校,上海人民出版社2003年版,第134页。

合成本。例如，由于环评会商涉及重大招商引资项目中多个地方政府间的联合行动，这不仅增加了执行成本，还会减少地方政府的财政收入，特别是自由裁量空间，因此合作的综合成本极高。联合宣传这一合作形式则只会少量增加执行成本，综合合作成本较低。任务压力与合作成本间的差值决定了合作意愿并直接影响地方政府横向协调的积极性。当地方政府横向协调积极性给定的情况下，中央政府可通过施加不同强度的过程压力，以调节合作意愿与合作行为间的关系强度，体现了纵向权力介入对"避害型"府际合作过程的推动功能。为了既能最大限度地促成合作，又能尽量将纵向权力介入的负面效应控制在最低，中央政府应依据对合作意愿的研判，将纵向权力介入的强度控制在适度范围内。

尽管本书取得了一些有意义的结论，但仍存在以下不足和探索空间。一方面，本书以二手资料为主，虽然在数据处理过程中注重资料的权威性与客观性，并借助一手资料提供三角模型检验，但二手资料本身依然具有局限性。未来可以依据本书的结论针对其中更有趣和具体的议题进一步开展调研和访谈，通过更多一手资料佐证本书的观点，并将研究向纵深推进。另一方面，本书主要探讨当公共问题压力给定的情况下，纵向权力与横向协调间的策略性互动及其主导因素和模式，没有考虑问题压力导致合作的必然性因素，以及社会舆论、专家意见、参政议政等外部影响的作用。这似乎预设了一个前提，即公共问题的严重程度及其引发的社会舆论等外部影响主要通过作用于中央政府，进而通过任务压力和过程压力的方式传导至地方政府，进而促成合作。但事实上，问题压力和外部影响是否会直接作用于地方政府并促使政府间合作达成，尚需考证。此外，本书中存在一种特殊情形，即合作者中有作为首都的北京市，这增加了案例本身的政治性因素。这一特殊性在其他区域和其他"避害型"府际合作中是否适用，待考证。

第 五 章

从结构到途径：区域雾霾治理中府际协同的状态

第一节　区域雾霾治理中府际协同的主体及其结构

从某种程度而言，人类生活的世界实质上就是各种或简单或复杂的系统构成的有机体。从系统科学的视角分析，元素构成了系统，元素之间的相互关联、相互作用进而构成系统体系。如果我们将这些元素换化成点，并连接各点之间的空间距离作为元素间各类关系的表述，呈现在我们面前的系统就成为一个网络。网络是系统存在的抽象形态，更是我们理解整个社会、理解协作性公共管理的重要载体和切入点。

合作网络治理是一个多元主体合作治理的理论框架。区域雾霾治理中涉及较多的利益主体，因此为了提高区域雾霾治理决策的科学性和民主性，各利益相关方应当积极参与治理过程，形成多元主体共同治理网络。在区域雾霾治理合作网络中涉及的主体主要包括中央政府、地方政府、社会组织和公众群体（见图 5－1）。

一　中央政府

中央政府是最高的国家行政机关，是管理全国事务的国家机构的总称，拥有法律上与行政上的权威性，负责统一领导全国各个地方政府的行政工作，集中掌握国家的多项行政职权。由于中央政府本身所具有的权威性，影响面较广、涉及国家大政方针的事务多由其主导。一方面，雾霾污染范围较广，几乎覆盖了中国整个中东部；另一方面，雾霾治理

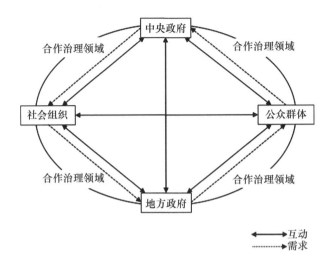

图 5 - 1　区域雾霾治理中府际协同的主体网络

资料来源：笔者自制。

需要长效的资源投入与各方利益的协调，只能由中央政府从顶层进行统筹规划。中央政府的任务压力推动着区域雾霾治理合作的实现，如果没有中央政府的任务压力，一般情况下，地方政府很难产生合作的意愿。正如孟庆国等[①]所言，上级政府一方面利用压力型体制对地方政府实施政治压力，另一方面将社会发展、环境保护等指标纳入地方官员的绩效考核结果当中，从而促使地方政府进行合作。

中央政府的任务压力包括三方面。一是国家战略，指"习近平指出，京津冀协同发展意义重大，对这个问题的认识要上升到国家战略层面"。二是重大政治事件，指"2014 年亚太经合组织会议召开在即，这是党的十八大以来在国内举办的规模最大、级别最高的重大国际多边活动"。三是政策要求，如"国务院副秘书长丁向阳指出，省、市人民政府要建立区域重污染天气应急响应体系，并按照各自应急预案分别采取应急措施""环境保护部、发展改革委等六部门联合印发《京津冀及周边地区落实大气污染防治行动计划实施细则》提出，组织编制应急预案、构建区域性重污染天气应急响应机制、及时采取应急措施"，所构成的上级任务压力是促使地方政府

---

① 孟庆国、杜洪涛、王君泽：《利益诉求视角下的地方政府雾霾治理行为分析》，《中国软科学》2017 年第 11 期。

产生合作意愿的正向驱动力量。但是，在众多中央任务压力中，有的要求较为刚性，需要地方政府严格落实，有的要求则带有弹性，给地方政府留下了较大的自由裁量空间。"组织任务分为硬指标和软指标，硬指标是指上级容易考核的重点指标，软指标则是指不容易考核的次要指标。"① 因此，尽管中央政府的任务压力会促使地方政府产生合作的意愿，但是由于压力的强度不同，地方政府作出的努力程度也会有所不同。

二　地方政府

地方政府是指管理由国家划分的某个行政区域内部事务的综合性政府组织的统称，在中国可分为省、市、县、乡四级。雾霾治理在中央政府制定了相关的政策方针后，将这些政策方针转化为实际行动就有赖于地方政府的工作。中央政府多是从战略层面出发，制定相关的大政方针、法律政策或对具体事务进行政策性引导，但具体的实施办法及相关利益主体的协调、各部门的配合还是由各地方政府依据实际情况来灵活掌握。地方政府是雾霾治理的具体实施者。然而，区域雾霾治理具有高度渗透性和不可分割的特点，单单依靠一地政府无法解决，必须由区域内的所有政府共管共治、合作应对。但是，由于这些事项的区域公共性，很难将其与地方政府及地方政府官员的直接利益挂钩，从而使各地方政府缺乏合作的动机与动力。具体而言，在区域雾霾治理的实现过程中存在着三对难以调和的利益矛盾，一是区域利益与地方利益之间的矛盾；二是地方利益与地方政府官员利益之间的矛盾；三是长远利益与现实利益之间的矛盾。

三　社会组织

随着中国各项事业的发展，各类民间组织也随之快速兴起并蓬勃发展。截至2022年底，全国在民政部门登记的各级各类社会组织达89.2万家。由于社会组织具有非政府性、非营利性、志愿性、公益性、互益性等特征，因而其在社会治理中可以更好地发挥重要作用。环保组织作为各类社会组织中最为活跃的代表，在雾霾污染的协同治理中积极参与，已逐步成为政

---

① 王清：《政府部门间为何合作：政绩共容体的分析框架》，《中国行政管理》2018年第7期。

府与企业之外最为重要的第三方力量，是雾霾污染协同治理体系中不可或缺的重要参与者。具体来说，社会组织可以在提供专业技术以及人才支持，参与环境领域调查研究；开展雾霾知识宣传活动，倡导公众环保行为；监督企业行为，对污染企业进行环境公益诉讼等方面发挥作用。

其一，提供专业技术以及人才支持，参与环境领域调查研究。专业社会组织的专业性和灵活性在一定程度上弥补了政府和市场力量薄弱的环节。专业社会组织可以为雾霾治理提供专业技术以及人才的支持。例如，环保部门在开展对企业的检查中，可以将专业社会组织中的一些工作人员纳入检查队伍，增强检测结果的公开性、真实性与科学性。另外专业社会组织还可以开展具有针对性的民意调查，了解民众对治霾的看法与诉求。作为政府与公众的桥梁，专业社会组织可以通过客观地收集信息、科学地处理信息、真实地反馈调查结果，辅助政府科学民主决策，进而提高和改善治霾的效率与效果。

其二，开展雾霾知识宣传活动，倡导公众环保行为。专业社会组织可以更好地动员社会公众参与防治雾霾。在福建福州，由专业社会组织带领的环保志愿者们深入到公园、社区、街道进行雾霾知识宣传，耐心地向人们讲解大气污染方面的知识，号召大家节能减排。其中，学生社团性质的环保组织在宣传上发挥的作用也不容小觑。专业社会组织在开展雾霾公益活动方面具有突出优势，能够通过公益活动，组织民众、动员民众、提升民众对环境保护的参与和支持力度。

其三，监督企业行为，对污染企业进行环境公益诉讼。专业社会组织能够积极动员社会力量监督企业行为。例如，公众环境研究中心收集与发布政府公开的环境信息，为公众获取环境信息构建互联网平台，公众可以清楚地看到污染企业名单以及详细的违规描述，进而推动企业节能减排。此举能够让公众直接参与监管，使企业感到治理污染的压力，以保障公众知情权的方式，保障执法严格有效。

四 公众

公众作为雾霾协同治理中参与最广泛的群体，应当首先从自身做起，减少自身取暖、烟花燃放等污染物排放；应积极绿色消费，购买环保产品，以此刺激生产；发挥自身的监督作用，督促有关企业、政府的信息公开,并对非法排污进行检举揭发。治理理论倡导政府、市场等多元化主体的共同治理,社会力量尤其是公众的力量越来越受到重视,但是公众亟须被普及相关的环保教育,以提高其环保意识,使环保真正从每个个体做起。

抗霾是全民之举,雾霾的协同治理应该是全体参与、人人行动的积极局面。目前,中国社会组织数量有限,其权利受多方限制,难以发挥较大的作用,要实现雾霾的协同治理,发挥多元主体的优势,就必须依靠公众的参与。对于基层社会的精英群体,包括企业家、知名学者、明星等,应引领绿色风尚,发挥自身的模范作用,倡导绿色消费,并积极建言献策给重污染企业施加社会压力。而其他公众应该行动起来,从自身做起,养成良好的习惯,参与雾霾治理。同时,公众还要发挥自身的监督作用,践行自己的监督权,对政府的治理、企业的生产、社会组织的相关工作进行有效的监督。

第二节　区域雾霾治理中府际协同的协作内容

京津冀多个城市可吸入颗粒物的来源显示,燃煤是主要污染源之一,除燃煤之外,主要污染源还包括机动车尾气排放、工业过程排放和多种扬尘等。由此可以看出,控制机动车排放、燃煤的污染物排放、工业排放和扬尘污染是大气污染治理中的几项关键工作。2013年国务院制定的《大气污染防治行动计划》对这四个主要污染源的控制作了详细具体的说明。此后,在京津冀三地大气污染治理政策文本中,也能清晰地发现,目标和措施的制定也按照控车、控煤、控工业以及控扬尘四个主要方面进行部署安排。因此,在分析政策目标和措施时,本书按照控车、控煤、控工业及控扬尘四个方面来分析。具体来说,控工业污染主要包括从源头上禁止高污染企业进入、针对工业污染企业制定限时间退出的要求和利用各种手段促进企业的环保行为;控车污染则指的就是控制机动车污染,又主要包括淘汰黄标车、提高和统一燃油标准、机动车管理和发展新能源汽车等几个方面。黄标车是新车定型时排放水平低于国Ⅲ排放标准的柴油车的统称,其汽车尾气的排放不符合欧Ⅰ标准,尾气排放量能达到新车尾气排放量的5—10倍。因此,黄标车污染是机动车污染的首要部分。控煤污染则主要从煤炭使用量入手；控扬尘污染又包括控制施工工地扬尘、道路扬尘等。关于大气污染治理中的污染物排放的控制，中国主要采取总量控制措施。进一步说，总量控制的含义就是将某一个控制区域（如行政区、环境功能区等）视为一个完整的系统，利用各种工具和手段控制排放的污染物总量，将污染物总量控制在一定数量范围内。

目标协同体现了政策主体是否对特定的问题有清晰明确的预期。政策措施的协同可以体现出在明确了政策目标之后，政策主体是否采取了具体、恰当、可行的手段确保目标的实现。在措施协同方面，本书主要考察政策措施之间的一致情况。与政策目标的协同类似，政策措施的协同表现同样是通过编码后的政策文本来进行对比。具体的步骤是首先将京津冀三地政策文本按照控车、控工业、控煤以及控扬尘四个部分来进行政策措施的结构化编码，并用 ABC 编码区分不同类型的措施。编码后再分析政策措施的协同程度。

另外，政策工具的协同体现了针对目标的实现，政策工具的选择和运用是否恰当、全面和有力。政策工具的运用是影响政府治理效果的关键因素。政策工具的使用和良好协同是政策协同的重要部分。OECD 把环境政策工具分为三个种类：一是以强制性的制度和机制为基础的命令控制型政策工具；二是采用市场化手段为载体的经济激励型政策工具；三是自愿型政策工具[①]。进一步分析北京、天津和河北的政策措施，可以看出京津冀三地的政策措施对政策工具的使用类型情况。

采用京津冀大气污染治理政策工具分类（见表 5-1），主要将政策工具分为命令控制型政策工具、市场型政策工具和公众参与型政策工具。具体来说，命令控制型政策工具是大气污染治理政策中最具代表性的政策工具，使用最广泛和明确，例如，排污许可制度、污染物排污标准体系、督查问责、整改、划分控制区域、环境影响评价以及中国特有的"三同时制度"等。市场型政策工具又能进一步划分为"创建市场"和"利用市场"两小类，这样的划分与"科斯定理"和"庇古税"紧密相

---

① 吴芸、赵新峰：《京津冀区域大气污染治理政策工具变迁研究——基于 2004—2017 年政策文本数据》，《中国行政管理》2018 年第 10 期。

关,主要包括排污收费、环境税、补贴、押金—退款制度和环境责任保险以及可交易排污权和区域生态补偿等。自愿型政策工具则是社会参与区域环境治理的工具,包含自愿协议、信息公开、公众参与和环境宣传教育等多项政策措施。

表5-1　　　　　　　　　　　　政策工具类型

政策工具类型	措施
命令控制型	问责监督与考核、环境影响评价、环保"三同时"验收、排污标准体系、检测网络构建、污染物排放总量控制、污染物排放许可制、整改项目限批
市场型	排污收费、排污权有偿使用与交易、超标处罚、财政补贴与奖励、税收优惠、生态补偿
公众参与型	环境标志、清洁生产、企业签订自愿协议、环保技术改造、环境信息公开、环境保护宣传教育、环境违法事件举报

资料来源:笔者自制。

一　2013年:京津冀携手治理雾霾的重要转折点

2013年是京津冀携手治理雾霾历程中的一个重要转折点。2013年开始,不仅中央政府方面,北京、天津和河北的地方政府也陆续出台了大气污染治理政策,加强区域协同行动。2013年9月,《大气污染防治行动计划》《京津冀及周边地区落实大气污染防治行动计划实施细则》接连发布,将京津冀大气污染协同治理推向高潮。京津冀三地的协同意识提升,三地分别出台多项政策文件,在加强大气污染治理工作的基础上,为推动大气污染区域协同治理工作提供政策保障。

(一)京津冀三地2013年代表性大气污染治理政策

1. 2013年《北京市2013—2017年清洁空气行动计划》

2013年,北京市进入大气污染治理的新阶段。面临严峻的大气污染防治工作形势,北京市认真贯彻落实国务院出台的《大气污染防治行动计划》,于2013年9月颁布了《北京市2013—2017年清洁空气行动计划》,对打好大气污染防治攻坚战、制定北京市大气污染治理的目标任务和措施,提出了更高的工作要求。

《北京市2013—2017年清洁空气行动计划》明确了北京市空气质量

改善的目标，制定了八项系统的污染减排工程、六项保障措施以及大气污染治理三大全民参与行动，并将其中的各个项目措施进行了比较具体的安排，包括各年份、各区县政府和市相关部门等的任务。提出的总体目标是，"经过五年努力，全市空气质量明显改善，重污染天数较大幅度减少。到 2017 年，全市空气中的 PM2.5 年均浓度比 2012 年下降 25％ 以上，控制在 60 微克/米³ 左右"。可以看出，相比于以前的治理计划，《北京市 2013—2017 年清洁空气行动计划》可以说是目标难实现、压力大、任务艰巨，显示出北京市政府治理大气污染的巨大决心。

机动车污染物的排放可以说是北京的首要大气污染源，因此，控制机动车污染也就成了北京市大气污染治理中的关键环节。2013 年北京市出台的《北京市 2013—2017 年清洁空气行动计划》中也针对机动车污染治理提出了淘汰黄标车等详细举措，推动北京市机动车整体结构更加节能化、清洁化。对于燃煤污染防治、工业污染防治、扬尘污染防治工作也分别有详细具体的论述。

2. 2013 年《天津市清新空气行动方案》

同样是在国务院出台《大气污染防治行动计划》的背景下，天津市结合地区实际，制定颁布了《天津市清新空气行动方案》。可以看出，天津市制定的总目标是，"到 2017 年，空气质量明显好转，全市重污染天气较大幅度减少，优良天数逐年增加，全市 PM2.5 年均浓度比 2012 年下降 25％"。

具体来看，天津市致力抓住大气污染治理的关键，结合天津市自身特点，从污染物排放的综合治理、产业结构转型升级、法规体系建设以及责任落实和考核等重点方面开展区域大气污染治理工作，具体到控车、控煤、控工业和控扬尘等主要方面，包括 66 项措施和 2055 个治理项目，大力解决空气质量问题。

3. 2013 年《河北省大气污染防治行动计划实施方案》

河北省在《河北省大气污染防治行动计划实施方案》中将大气污染治理的总目标制定为"经过五年努力，全省环境空气质量总体改善，重污染天气大幅减少。力争再利用五年时间或更长的时间，基本消除重污染天气，全省环境空气质量全面改善，让人民群众呼吸上新鲜空气"。国务院颁布的《大气污染防治行动计划》要求，京津冀地区细颗粒物浓度要下降25%，河北考虑了多方面因素，包括其区位环境、产业结构、污染基数等因素，提出了空气质量改善的具体目标任务。

与此同时，河北省还进一步提出了治理大气污染的50条措施，着力解决细颗粒物污染难题，强调抓好污染治理的三个重点，即重点治理城市、重点治理行业和重点治理企业，致力在政府领导、企业落实、社会监督和公众参与下，实现污染治理的总目标。

（二）2013年大气污染治理政策协同的文本分析

1. 政策目标协同分析

本书在政策文本的基础上，将京津冀三地政策文本《北京市2013—2017年清洁空气行动计划》《天津市清新空气行动方案》《河北省大气污染防治行动计划实施方案》按照控车、控工业、控煤以及控扬尘四个部分来进行政策目标的结构化编码，得到政策目标的编码（见表5-2）。

表5-2　　　　　　　2013年政策目标编码

	北京	天津	河北
控车	到2015年底淘汰全部黄标车	到2015年底，淘汰剩余23.3万辆黄标车，全市基本淘汰29万辆黄标车	到2015年，淘汰2005年底前注册营运的"黄标车"46万辆
控煤	到2017年，全市燃煤总量比2012年削减1300万吨，控制在1000万吨以内；煤炭占能源消费比重下降到10%以下	到2017年底，净削减煤炭消费总量1000万吨，煤炭占能源消费总量比重降低到65%以下	到2017年，煤炭占能源消费总量比重较2012年明显降低，全省净削减4000万吨
控工业	到2017年，组织400家以上企业完成清洁生产审核；钢铁、水泥、化工、石化等重点行业的排污强度比2012年下降30%以上	到2017年，累计完成不少于200家企业清洁生产审核，火电、水泥、石化、化工、钢铁等重点行业排污强度比2012年下降30%以上	2016年、2017年，制定范围更宽、标准更高的落后产能淘汰政策，重点行业排污强度下降30%以上

续表

	北京	天津	河北
控扬尘	到2017年，全市降尘量比2012年下降20%左右	加强扬尘污染治理	严格控制扬尘污染

资料来源：笔者自制。

首先，在控车这一问题上，以淘汰黄标车为例，北京、天津和河北目标实现的时间节点一致，都为2015年。而在淘汰数量上，具体到黄标车来看，三地虽都有明确的规定，但在数量和力度上都存在明显差异，如北京的目标为"淘汰全部黄标车"，而天津的目标为"基本淘汰"，河北的淘汰范围为"2005年底前注册的黄标车"。

其次，在控煤方面，三地在目标达成时间和标准等方面都有严格的限制。北京、天津和河北要求的目标实现时间都为2017年。不同的是，北京的目标力度最大，提出煤炭占能源消费的比重要降低到10%以下，与北京相比，天津的任务设置力度较弱，指出煤炭消费占比降低到65%以下，河北的目标力度最小，仅仅规定了降低的数量，而没有规定具体的占比。由此可以看出，在控煤的目标设置方面，三地的协同程度并不理想。

另外，在控工业的目标设置上，北京、天津、河北均在政策中表述了控工业目标实现的时间。不过，相比于北京和天津，河北的目标考核时间显得更加模糊，时间确定在2016年、2017年两个时间节点，这使目标的力度有所减弱。目标的内容上，北京和天津都提到了"清洁生产审核"，而这一项目标在河北的政策中并未体现；同时，可以看出，在清洁生产审核目标企业数量上，北京的清洁生产审核目标企业数量达天津市清洁生产审核数量的两倍。北京、天津、河北在目标的标准上的规定相同，都规定了重点行业的排污强度为"下降30%以上"。除清洁生产和排污强度以外，天津市还规定了"单位工业增加值能耗"的降低目标。可以看出，在控工业方面，北京的目标最清晰且目标任务最重，可以看出北京在控工业污染上的巨大决心，河北与北京形成了比较鲜明的差距。

最后，在控扬尘方面，三地的目标存在较大的差异。天津和河北都没有提出目标实现的时间，且两地都没有设置具体的目标标准，只是表述为"加强治理""严格控制"。相比于天津和河北在扬尘治理目标设置上的不足，北京的目标明确而具体，既规定了扬尘治理目标的时间节点，又具体提出了北京市的降尘任务。由此可以看出，在大气污染治理中，天津、河北与北京对扬尘治理的重视程度存在很大差距。

2. 政策措施协同分析

通过对京津冀大气污染治理政策控车、控煤、控工业以及控扬尘四个方面的政策措施的表述进行提取，共得到了 73 项政策措施。其中，北京的政策措施有 31 项，天津有 23 项，河北的政策措施数量为 19 项。

首先从北京、天津、河北的《北京市 2013—2017 年清洁空气行动计划》《天津市清新空气行动方案》《河北省大气污染防治行动计划实施方案》中提取出关于控车的措施，得到三地措施的编码（见表 5－3）。

表 5－3　　　　　　　　　　　控车措施编码

	控车措施
北京	A1 市公安局公安交通管理局、市商务委牵头严格执行国家报废标准
	A2 扩大黄标车禁行范围
	A3 加强行业管理和加大执法检查力度
	A4 增加尾气排放检测频次
	A5 加大对报废解体厂的监管力度
	B1 经济鼓励等措施，推动淘汰高排放老旧机动车，鼓励更换混合动力和小排量客车
天津	A1 2014 年底前，城市建成区全面实施黄标车限行
	A2 实行更加严格的外省市机动车转入管制政策
	B1 实施黄标车淘汰财政补贴
	C1 提高公众淘汰黄标车意识，引导公众拒绝乘坐黄标车
河北	A1 环境保护、工业和信息化、质检、工商等部门联合加强新生产车辆环保监管，严厉打击生产、销售环保不达标车辆的违法行为
	A2 加强在用车车堵检验，不达标车辆不得发放环保和安全合格标志，不得上路行驶
	C1 鼓励出租车每年更换高效尾气净化装置

资料来源：笔者自制。

在控车方面，以黄标车为例（见表 5－3），北京、天津和河北都采取了多个方面的措施。北京提出了 6 项具体措施，天津提出了 4 项具体措施，河北省提出了 3 项具体措施。从措施的数量可以看出，北京、天津和河北对于淘汰黄标车减轻大气污染治理表现出不同程度的迫切性和决心。在措施的内容上，北京和天津均采取明确黄标车限行区域的方式，推动黄标车的淘汰。具体而言，北京对于黄标车禁行的措施是"扩大黄标车的限行范围"，而天津的措施中限行范围更加明确为城市建成区全面实施黄标车的限行。进一步分析，北京关于淘汰黄标车的措施中还规定了责任主体，提到了市交通管理局、市商务委作为执行国家报废标准的主要责任主体；而天津和河北两者都没有提到措施的责任主体，这将不利于措施的执行和落实，从而使措施的力度减弱。在财政补贴方面，北京和天津都采取经济措施，鼓励实施黄标车淘汰的财政补贴措施。北京和河北都将通过严厉打击和执法检查，进一步限制高污染机动车的生产和销售，天津在这一方面的措施则更注重加强严格外省机动车转入管制。除此之外，北京还提到了严格执行国家报废标准，而天津和河北并未采取这一措施。总的来看，与北京相比，天津和河北在黄标车淘汰上措施的数量少，而且在措施的设计上，天津和河北缺少保障措施和较明确的责任主体。因此，措施在实施时的效果可能有很大差距。

控煤方面，分别观察北京、天津和河北的政策措施（见表 5-4、表5-5 和表 5-6）。从措施数量来看，北京提出了 11 项政策措施，河北提出了 5 项具体措施，天津提出了 7 项措施。北京、天津和河北都从减少煤炭的使用量入手，通过控制劣质煤炭来源以及推行设备改造来实施清洁能源替代用煤和燃煤机组这几个主要方面来控制燃煤污染。通过措施数量可以发现，对于巨大的煤炭消费带来的严重污染，北京、天津和河北的认识和攻克燃煤污染问题的力度有所不同。

表 5-4　　　　　　　　　北京控煤措施编码

	控煤措施
北京	A1 严格执行新建居住建筑节能 75% 的强制性标准
	A2 关停科利源热电厂等私家燃煤机组
	A3 污染企业关停退出和清洁能源改造等方式基本实现企业生产用能清洁化
	A4 城六区及远郊新城建成区的商业、各类经营服务行业燃煤全部改用电力、天然气等清洁能源

续表

	控煤措施
北京	A5 严厉打击非法生产、销售劣质煤的行为,集中清理、整顿和取缔不达标散煤供应渠道
	A6 市质监局加强对供热计量和重点用能单位能源资源计量器具的监督检查,开展能源计量审查评价工作
	A7 采取路检路查等手段杜绝不符合规定标准的散煤和固硫型煤进京销售
	B1 制定出台农村享受峰谷电价优惠政策实施方案
	C1 推广使用太阳能热水系统、地源热泵、光伏建筑一体化等技术
	C2 在城乡接合部和农村地区综合推广电力、热泵、太阳能等清洁能源采暖方式
	C3 鼓励推动已建成的燃煤集中供热中心实施清洁能源改造

资料来源:笔者自制。

表 5-5 天津控煤措施编码

	控煤措施
天津	A1 实施火电机组改燃或关停
	A2 2017 年底前,所有工业园区以及化工、造纸、印染、制革、制药等企业聚集的地区取消自备燃煤锅炉,改用天然气等清洁能源,或改由热电厂集中供热
	A3 组织对全市现役燃煤锅炉进行执法检查,促使燃煤供热设施达标运行
	A4 全市煤炭流通企业禁止向本市用煤单位销售硫份高于 0.5%、灰份高于 10% 的劣质煤,本市用煤单位禁止使用劣质煤
	A5 现有燃煤设施按期限完成清洁能源改造
	A6 各区县煤炭经营企业要建立全密闭配煤中心,逐步形成覆盖所有乡镇、村的优质煤供应网络,洁净煤使用率达到 90% 以上
	A7 2013 年底前,完成高污染燃料禁燃区划定和调整工作,并向社会公开

资料来源:笔者自制。

表 5-6 河北控煤措施编码

	控煤措施
河北	A1 限制高硫石油焦的进口,各市、县(市、区)城市区限制销售高灰分、高硫分的劣质煤炭
	A2 严格实施污染物排放总量控制,将二氧化硫、氮氧化物、烟粉尘和挥发性有机物污染物排放是否符合总量控制要求作为建设项目环境影响评价审批的前置条件

续表

控煤措施
A3 划定城市高污染燃料禁燃区域
B1 结合城中村、城乡接合部、棚户区改造，通过政策补偿和实施峰谷电价、季节性电价、阶梯电价、调峰电价等措施，逐步推行以天然气或电代替煤炭
C1 推广使用洁净煤、型煤、生物质能等，鼓励开发使用太阳能、地热、水电等清洁能源

（河北）

资料来源：笔者自制。

从措施内容上看，北京和天津都一致采取关停火电机组和热电厂调整、严厉打击劣质煤销售和燃煤机组清洁能源改造的措施来减少煤炭的使用量。河北并未采取以上三个措施。另外，天津和河北都提出了要划定和调整高污染燃料禁燃区的措施。北京和河北都提出要在城中村和城乡接合部推广清洁能源代替煤炭，而对城中村或农村煤炭使用的问题上，天津采取的措施是覆盖村镇的洁净煤配送网络，天津还同时强调了煤炭经营企业的全部密闭配送。除此之外，只有北京提出了关于新建居住建筑的强制性节能标准以及新建服务行业全部使用清洁能源的举措。总的来说，通过以上比较，可以发现，一方面相比于天津和河北，北京的措施更加明确，在提出整改项目和保障措施的同时还进一步规定了责任主体；另一方面，相比于天津和河北，北京的措施更加有前瞻性。

控工业方面，从表5－7、表5－8和表5－9可见，在措施数量上，北京提出了7项政策措施，天津和北京一致，提出了7项措施，与天津和北京相比，河北的政策措施数量较少，仅提出了4项措施。从措施内容上看，北京和天津都提到了工业园区的环境影响评价、企业的清洁生产审核，北京和河北都提到了污染企业整治。北京污染源混凝土搅拌站的退出说明北京的措施考虑更加深入明确，例如高能耗高排放企业的产能压缩这说明北京在产能压缩上有比较强的主动性和积极性。另外，三地之中，北京率先专门提出了生态化、循环化设计和改造的政策措施。由此可以看出，北京的措施涉及更多方面，包括清洁生产、污染企业退出和技术改造等。相比之下，天津和河北则各有侧重点。天津侧重清洁生产,而河北更加强调环保设备不达标企业的整顿、违规项目的停工以及污染企业的转型。

表 5 - 7　　　　　　　　　　北京控工业措施编码

	控工业措施
北京	A1 未通过治理整合的混凝土搅拌站基本退出,全市控制在 135 家左右
	A2 对新建工业开发区、工业园区、产业基地依法开展规划环境影响评价,对已有规划的环境影响评价每三年开展一次跟踪评价
	A3 对水泥、石化等高耗能、高排放行业,市经济信息化委牵头组织实施产能总量控制
	A4 对布局不合理、装备水平低、环保设施差的小型污染企业,市经济信息化委和各区县政府加强综合整治
	C1 鼓励通过兼并重组压缩产能
	C2 市发展改革委、市经济信息化委、市环保局等部门组织和引导水泥等重点行业企业开展清洁生产审核,实施清洁生产技术改造,鼓励发展节能、降耗、减排的清洁生产项目
	C3 鼓励开展生态化、循环化设计和改造

资料来源:笔者自制。

表 5 - 8　　　　　　　　　　天津控工业措施编码

	控工业措施
天津	A1 每年开展 50 家左右企业清洁生产审核,加大强制性清洁生产审核力度
	A2 重大能源和各类产业发展规划及所有建设项目必须依法进行环境影响评价
	A3 对火电、钢铁、水泥、石化、化工、有色金属冶炼等行业以及燃煤锅炉,严格执行大气污染物特别排放限值
	A4 严格环境准入
	B1 排污费征收
	C1 鼓励企业开展清洁生产审核,发展节能、降耗、减排的清洁生产项目
	C2 鼓励企业炉窑使用清洁能源

资料来源:笔者自制。

表5-9 　　　　　　　　　　　河北控工业措施编码

	控工业措施
河北	A1 对未批先建、边批边建、越权核准的违规项目，尚未开工建设的，不准开工；正在建设的，要停止建设
	A2 结合全省县域经济发展和县城改造升级，对布局分散、装备水平低、环保治理设施差的小型工业企业进行全面治理整顿
	A3 实行重点控制城市特别排放限值
	B1 制定财税、土地、金融等扶持政策，支持产能过剩"两高"行业企业退出、转型发展

资料来源：笔者自制。

控扬尘方面，从表5-10、表5-11和表5-12可见，北京提出了7项政策措施，天津提出了5项政策措施，河北提出了7项政策措施。三地的措施数量相差不大，天津略少于北京和河北。扬尘污染治理措施中，北京的治理措施侧重于道路扬尘的防治，河北的扬尘防治则更注重施工工地扬尘。从政策措施的表述中看，北京、天津和河北都提出将施工扬尘作为重要指标纳入了企业的信用管理系统，同时也都针对施工工程的运输车辆提出专门要求，通过卫星定位技术控制运输车辆带来的道路遗撒问题。相比于河北，天津和北京都一致采取了经济手段来减少扬尘污染的治理。天津采取了除尘电价措施，北京创新性地提出了扬尘污染防治保证金制度。

表5-10 　　　　　　　　　　　北京控扬尘措施编码

	控扬尘措施
北京	A1 督促施工单位落实安全封闭围栏、使用高效洗轮机和防尘墩、料堆密闭、道路裸地硬化等扬尘控制措施，切实履行工地"门前三包"责任制，保持出入口及周边道路的清洁
	A2 城管执法部门充分利用视频监控和现场执法等手段，加大对扬尘污染监管执法力度
	A3 严格执行资质管理与备案制度，城市渣土运输车辆安装卫星定位系统并实现密闭运输
	A4 将施工扬尘违法行为纳入企业信用管理系统，对违法情节严重的，限制参与招投标活动

续表

	控扬尘措施
北京	A5 加大检查、考核力度，加强对重点地区、重点路段渣土运输的执法监管，杜绝道路遗撒
	B1 实施扬尘污染防治保证金制度
	C1 定期向社会公布环境卫生干净指数

资料来源：笔者自制。

表 5 - 11 天津控扬尘措施编码

	控扬尘措施
天津	A1 将施工扬尘污染控制情况纳入建筑企业信用管理系统，作为招投标的重要依据
	A2 全市禁止现场搅拌混凝土
	A3 各种煤堆、料堆须全部实现封闭储存或建设防风抑尘墙
	A4 施工单位运输工程渣土、泥浆、建筑垃圾及砂、石等散体建筑材料，应全部采用密闭运输车辆，并按指定路线行驶，到2015年底运输车辆安装卫星定位系统
	B1 除尘电价

资料来源：笔者自制。

表 5 - 12 河北控扬尘措施编码

	控扬尘措施
河北	A1 建设工程施工现场必须全封闭设置围栏墙，严禁敞开式作业，施工现场道路、作业区、生活区必须进行地面硬化
	A2 到2015年，各设区市和省直管县（市）渣土运输车辆全部采取密闭措施，并逐步安装卫星定位系统
	A3 依法取缔城市周边非法采矿、采石和采砂企业。现有企业安装视频，实施在线监管
	A4 将施工扬尘污染控制情况纳入企业信用管理系统，作为招投标的重要依据
	A5 高速公路、铁路两侧和城市周边矿山、配煤场所等产生扬尘污染的企业必须采取更严格的防治扬尘措施，减少扬尘污染。在取暖期和重污染天气等重点、敏感时段要采取限产限排等措施
	A6 对重点建筑施工现场安装视频，实施在线监管
	A7 推行道路机械化清扫等低尘作业方式

资料来源：笔者自制。

北京的措施协同表现明显优于天津和河北，这说明在政策措施制定中，相比于天津和河北，北京市能够明确责任主体，并且能够规定某个项目作为政策措施依托或者提出具体的措施实施路径。相比之下，天津和河北提出政策措施时没有提出明确的责任主体以及保障措施，而只是提出了措施的基本内容。

总的来说，京津冀三地在政策目标和政策措施的协同程度均存在差异。北京能够在政策目标和政策措施中的得分以及协同指数都取得首位，表明其作为拥有绝对协同优势的政策主体，协同意识最强，在大气污染治理的协同意愿和态度上有良好的表现；与北京相比，天津和河北的目标和措施的协同表现不太理想。

3. 政策工具协同

观察北京、天津和河北政策措施的类型分布（见表5－13），可以看出，在控车、控煤、控工业以及控扬尘方面，京津冀地方政府的差异较小，都更多地采用了"规划指导""法规管制""环境目标责任与考核""环境监测网络构建""环保基础设施建设""环境风险防控"等命令控制型政策工具，即京津冀三地的政策工具运用中命令控制型政策工具都占最大的比重，公众参与型政策工具居第二位，市场型政策工具使用最少。由此可见，命令控制型政策工具使用超过总量半数，在三地的大气污染治理政策中占据主导地位。命令控制型政策工具能在较短时间内实现环境治理效果，适用效果的可达性和确定性存在优势。但是，命令控制型政策工具存在监督和制裁成本较高、对企业缺乏足够的激励、适用范围有限等局限性，可能使区域环境治理效果缺乏可持续性。

表5－13　　　　　　　　　　政策工具类型分布

	命令控制型	市场型	公众参与型	合计
北京	21	3	7	31
天津	17	3	3	23
河北	15	2	2	19

资料来源：笔者自制。

政策实施环境中的制度因素复杂性和区域问题的现状决定了京津冀三地采取的政策工具和措施会有所不同，但是一致的是，北京、天津、河北都必须考虑不同类型的政策工具和政策措施的组合使用①。

二　2018 年：京津冀雾霾治理联防联控进入新阶段

2017 年是京津冀三地政府大气污染治理行动计划实施的收官之年。经过京津冀政府近五年的努力，京津冀地区大气质量有显著改善。相比于 2013 年，2017 年北京市大气 PM2.5 的浓度从 89.5 微克/米^3 下降到 58 微克/米^3，下降了 35.2%；2017 年天津市空气质量达标天数增加了 64 天，PM2.5 浓度为 62 微克/米^3，比 2013 年 96 微克/米^3 下降了 35.4%；河北省 PM2.5 平均浓度为 65 微克/米^3，比 2013 年 108 微克/米^3 下降了 39.8%。2018 年，国务院发布了《打赢蓝天保卫战三年行动计划》，全面推动开展大气污染防治工作，促使京津冀大气污染治理走进深入治理的新阶段。

（一）京津冀三地 2018 年代表性大气污染治理政策

1. 2018 年《北京市打赢蓝天保卫战三年行动计划》

2018 年 9 月，北京市积极响应党中央政策，在总结前期大气污染治理经验的基础上，颁布了 2018—2020 年蓝天保卫战行动计划，突出全过程控制和重点污染源的控制，提出的总体目标是，"到 2020 年，本市环境空气质量改善目标在'十三五'规划目标基础上进一步提高，PM2.5 浓度明显降低，重污染天数明显减少，环境空气质量明显改善，市民的蓝天幸福感明显增强。大幅减少主要大气污染物排放总量，协同减少温室气体排放，全市氮氧化物、挥发性有机物比 2015 年减少 30% 以上；重污染天数比率比 2015 年下降 25% 以上"。落实绿色发展理念，以细颗粒物（PM2.5）治理为重点，采取针对性治理措施，聚焦柴油货车、扬尘和挥发性有机物治理在内的重点防治领域，优化调整运输结构、产业结构、能源结构和用地结构，强化区域联防联控，推动北京市大气污染治理进入攻坚期。

---

① 魏娜、孟庆国：《大气污染跨域协同治理的机制考察与制度逻辑——基于京津冀的协同实践》，《中国软科学》2018 年第 10 期。

2. 2018 年《天津市打赢蓝天保卫战三年作战计划（2018—2020年）》

响应国务院《打赢蓝天保卫战三年行动计划》的出台，天津制定了蓝天保卫战计划，提出了"到 2020 年，全市 PM2.5 年均浓度达到 52 微克/米³ 左右，全市及各区优良天数比例达到 71%，重污染天数比 2015 年减少 25%"的总体目标。综合运用经济、法律、技术和必要的行政手段，着眼产业、能源和运输等方面，保障 PM2.5 等主要污染物浓度持续下降，深化京津冀区域联防联控联动，坚决打赢蓝天保卫战。

3. 2018 年《河北省打赢蓝天保卫战三年行动方案》

河北同样在与国务院文件衔接的基础上，考虑河北特色，提出了"到 2020 年，全省主要大气污染物排放量大幅减少；PM2.5 平均浓度明显降低，重污染天数明显减少，大气环境质量明显改善，全面完成'十三五'环境空气质量约束性目标，人民群众的蓝天幸福感明显增强，蓝天保卫战取得阶段性胜利"的总体目标。《河北省打赢蓝天保卫战三年行动方案》把大幅降低污染物浓度，改善空气质量作为工作核心，围绕大气环境质量改善的关键领域和环节，提出了包括"钢铁产能控制在 2 亿吨以内"在内的具体措施，切实将工作任务细化，为坚决打赢蓝天保卫战奠定基础。

（二）2018 年大气污染治理政策协同的文本分析

1. 政策目标协同分析

将京津冀三地政策文本《北京市打赢蓝天保卫战三年行动计划》《天津市打赢蓝天保卫战三年作战计划（2018—2020 年）》《河北省打赢蓝天保卫战三年行动方案》按照控车、控工业、控煤以及控扬尘四个部分来进行政策目标的结构化编码，得到政策目标的编码（见表 5 – 14）。

表 5 – 14　　　　　　　　　　　2018 年政策目标编码

	北京	天津	河北
控车	到 2020 年，全市新能源车保有量达到 40 万辆左右	到 2020 年，新能源汽车占全市汽车保有量比例提高至 4.5%	到 2020 年，全省累计推广应用各类新能源汽车 30 万辆（标准车）

续表

	北京	天津	河北
控煤	2018 年,基本实现全市平原地区"无煤化"。尚未改用清洁能源的村庄,全部使用优质煤	削减煤炭消费总量。到 2020 年,全市煤炭消费总量控制在 4000 万吨以内,煤炭占一次能源消费比重控制在 45% 以下	严格控制煤炭消费总量。到 2020 年,煤炭消费总量较 2015 年下降 10%
控工业	2020 年与 2017 年相比,工业园区等产业聚集区主要污染物排放总量下降 20% 左右。2020 年底前,基本完成挥发性有机物年排放量超过 25 吨的企业清洁生产审核	到 2020 年 10 月,全市燃气锅炉基本完成低氮改造。2020 年,挥发性有机物排放总量较 2015 年下降 25%	到 2020 年,全省工业企业主要污染物排放量较 2017 年下降 15% 以上。到 2020 年,全省火电行业单位发电煤耗及污染排放绩效达到世界领先水平
控扬尘	2020 年与 2017 年相比,各区降尘量下降 30%	严格管控扬尘等面源污染	2018 年施工现场扬尘整治达标率达到 95% 以上,到 2019 年达到 100%

资料来源:笔者自制。

在控车这一目标上,选取新能源汽车为例,北京、天津和河北都提出了关于新能源汽车推广的数量目标,且规定的目标实现的时间相同,都为 2020 年。不同的是,北京市和河北省分别提出到 2020 年新能源汽车保有量达到 40 万辆和 30 万辆。天津则提出到 2020 年,新能源汽车占比提高至 4.5%。由此可见,京津冀三地针对新能源汽车发展,北京力争上游,大力推动新能源汽车特别是电动汽车发展。

针对控煤方面的治理目标,天津和河北的目标相似,都提出煤炭消费量和煤炭消费占比的目标任务。除此之外,天津和河北目标实现时间一致,都设定在 2020 年。相比于天津和河北,北京的目标则是在指定区域实现无煤化,与此同时,北京还特别指出了清洁煤的使用。可以看出,在控煤方面,北京体现出前期大幅度削减煤炭消费量工作的结果优势,超越其他两地加速去煤化。而天津和河北还处于聚焦煤炭消费总量的削减和控制的阶段。

在控工业污染方面，京津冀三地针对主要污染源，提出具体的治理目标。京津冀三地目标任务的设置时间相同，都为 2020 年。从目标内容上看，京津冀三地则各有重点。北京和天津侧重挥发性有机物排放的控制，河北则更加关注工业企业污染物排放量降低。具体来看，河北省提出"火电行业发电煤耗及火力发电污染排放绩效达到世界领先水平"，可以看出河北省在重污染行业控制方面的决心，也体现了河北的地方特色。

在控扬尘目标设置方面，北京提出了 2020 年降尘量百分比的目标任务，相比于天津和河北，目标更加明确。天津和河北的目标并未提出具体的降尘目标，天津仅仅为严格管控扬尘等面源污染，目标表现出一定程度的模糊性。河北也未提出具体的降尘目标，主要提出了 2018 年和 2019 年施工现场整治目标，目标设置力度较弱，这将在一定程度上不利于目标的实现。

2. 政策措施协同分析

通读京津冀 2018 年大气污染治理政策《北京市打赢蓝天保卫战三年行动计划》《天津市打赢蓝天保卫战三年作战计划（2018—2020年）》《河北省打赢蓝天保卫战三年行动方案》，从政策中提取控车、控煤、控工业以及控扬尘政策措施的表述，共得到 139 项政策措施。其中，北京的政策措施有 42 项，天津有 37 项，河北的政策措施数量为 60 项。

首先提取关于控车的措施，得到三地措施编码（见表 5－15）。可以看出，在新能源汽车发展方面，北京的措施数量最多，提出了 6 项措施，天津和河北各提出了 4 项措施。在措施的内容方面，京津冀三地都围绕在特定领域使用新能源汽车和完善电动汽车配套基础设施方面提出具体措施。具体来说，北京推动包括邮政、公交、出租和轻型物流配送等在内的行业使用电动汽车。河北的新能源汽车使用范围比北京要小，主要推动在石家庄市公交车和机场、港口、铁路作业车辆使用。天津与河北类似。由此可以看出，京津冀三地在新能源汽车推广范围上存在差异，北京的使用范围更广，目标力度最强。

表 5 - 15　　　　　　　　　　控车措施编码

	控车措施
北京	A1 到 2020 年，邮政、城市快递、轻型环卫车辆（4.5 吨以下）基本为电动车，办理货车通行证的轻型物流配送车辆（4.5 吨以下）基本为电动车，在中心城区和城市副中心使用的公交车辆为电动车
	A2 研究制定新能源货车路权通行、可持续运营的鼓励性政策
	A3 研究制定以推进柴油车电动化为重点的新能源车推广专项实施方案
	A4 研究制定推进电动汽车充电设施建设和管理的政策措施
	A5 建设集中式充电桩和快速充电桩，为新能源车辆在城市通行提供便利
	C1 新增和更新的公交、出租、环卫、邮政、通勤、轻型物流配送等车辆基本采用电动车，机场、铁路货场等主要采用新能源车等
天津	A1 2020 年底前城市建成区使用新能源或清洁能源汽车比例达到 80%，建成区公交车全部更换为新能源汽车
	A2 港口、机场、铁路货场等新增或更换作业车辆主要使用新能源或清洁能源汽车
	A3 以公交车、物流车、出租车（网约车）、公务用车和租赁用车为重点领域，持续加大新能源使用力度
	A4 在物流园、产业园、工业园、大型商业购物中心、农贸批发市场等物流集散地建设集中式充电桩和快速充电桩，2018 年新增公共充电桩 3000 台，到 2020 年全市保有量达 2 万台
河北	A1 港口、机场、铁路货场等新增或更换作业车辆主要采用新能源或清洁能源汽车
	A2 石家庄市建成区公交车全部更换为新能源车
	A3 加快优化充电基础设施，在物流园等物流集散地建设集中式充电桩和快速充电桩，到 2020 年，初步形成覆盖主要城市的城际快充网络
	A4 对可识别的新能源汽车，不实行限行措施

资料来源：笔者自制。

控煤方面，从表 5 - 16、表 5 - 17 和表 5 - 18 可见，措施数量上，北京提出了 7 项措施，天津为 12 项，河北主要采取了 7 项措施。天津提出的具体措施最多，接近北京和河北的措施数量之和，体现了天津控制燃煤污染的工作决心。

表 5 – 16 北京控煤措施编码

	控煤措施
北京	A1 2018 年，完成平原地区 450 个村"煤改清洁能源"，完成平谷区、延庆区 5 座燃煤供热中心的锅炉清洁能源改造
	A2 开展农村住宅节能改造
	A3 各区将已实现"无煤化"的地区划为高污染燃料禁燃区，依法取消散煤销售点
	A4 已实现农村散煤清洁能源替代的地区实施散煤禁售等措施，严防散煤复烧反弹
	A5 健全清洁取暖设备的运维服务机制
	A6 市住房城乡建设委、市规划国土委等部门修订新建居住建筑节能设计标准，节能率达到 80% 以上；新建建筑严格执行绿色建筑标准
	C1 尚未改用清洁能源的村庄，全部使用优质煤

资料来源：笔者自制。

表 5 – 17 天津控煤措施编码

	控煤措施
天津	A1 严格控制新建燃煤项目，实行耗煤项目减量替代，禁止配套建设自备燃煤电站
	A2 持续开展供热、工业和商业燃煤锅炉治理，巩固燃煤锅炉改燃关停整治成果
	A3 2020 年 9 月底前，全市基本淘汰每小时 35 蒸吨以下燃煤锅炉，每小时 65 蒸吨及以上燃煤燃油锅炉全部实现超低排放，其他锅炉达到大气污染物特别排放限值
	A4 全面取缔燃煤热风炉，基本淘汰热电联产供热管网覆盖范围内的燃煤加热、烘干炉（窑）
	A5 2020 年底前，30 万千瓦及以上热电联产电厂供热半径 15 公里范围内的燃煤锅炉全部关停整合；
	A6 实施全市工业煤气发生炉（制备原料的除外）专项整治，2018 年 8 月底前全部完成拆改。逾期未完成的，依法实施停产整治
	A7 对不能稳定达到超低排放标准的煤电机组依法停产整治
	A8 稳妥有序推进全市剩余的 75.6 万户农村居民散煤清洁能源替代
	A9 监督煤炭经营企业建立购销台账，禁止销售不符合国家和本市规定的劣质煤
	A10 通过加大抽检频次、强化信息公开、严格资质管理、坚决依法查没等手段，保持严厉打击劣质煤流通、销售和使用的高压态势
	A11 持续开展采暖季供热企业燃用煤炭煤质检查
	A12 全面排查治理全市经营性储煤场地，建档立卡、动态监管

资料来源：笔者自制。

表 5-18 河北控煤措施编码

	控煤措施
河北	A1 严格控制煤炭消费总量。2018 年,压减煤炭消费 500 万吨
	A2 对新增耗煤项目实施减量替代
	A3 加快推进外电入冀工程建设,持续提高接受外送电量比例
	A4 强化部门联动执法,严厉打击销售(包括网上销售)和使用劣质散煤违法行为
	A5 严控工业和民用燃煤质量,从严执行国家标准,省内煤炭质量须同时满足河北省地方标准要求
	A6 加强散煤质量检验,2018 年,全省散煤煤质抽检覆盖率不低于 90%
	A7 实现散煤质量全面达标,提高传输通道城市抽检频次,逐年提升抽检覆盖率,到 2020 年底,全省销售网点、燃用单位散煤煤质抽检覆盖率达到 100%

资料来源:笔者自制。

而从控煤措施的内容看,京津冀三地体现出一些不同的特征。北京集中于农村地区,包括煤改清洁能源和农村住宅节能改造。除农村用煤以外,北京还大力推动新建居住建筑节能,这一方面体现了北京前期控煤取得了成效,现有的燃煤污染主要由农村燃煤导致,北京将控煤与节能建筑相结合又说明了北京在治理上的创新性与前瞻性。分析天津的 12项具体控煤措施发现,除农村散煤使用和供热企业用煤之外,还针对燃煤项目、燃煤锅炉关停以及煤炭经营监管等多个方面采取了诸多措施。与北京和天津相比,河北加强散煤质量的监管。

在控工业方面,从表 5-19、表 5-20 和表 5-21 可见,在措施数量上,北京提出了 14 项措施,天津提出了 10 项措施。河北提出的具体措施最多,达到 28 项,反映出河北对控工业污染工作的重视。从措施内容上看,京津冀都围绕主要污染源展开。具体来看,北京、天津和河北都提出了严格项目准入、退出污染企业、加强污染物排放企业整治和严格控制新增项目一系列具体措施。不同的是,在污染企业退出方面,北京已开始退出一般制造业,说明北京市在控制工业污染的工作力度更大。天津严格控制一系列高污染项目,注重培育工业发展新动力。除此之外,河北的目标数量显著多于天津和北京,还涉及钢铁企业、燃煤机组、电力行业深度减排等各个方面,实施重点行业环保"领跑者"制度、工业企业"持证排污"、"环境信用评价"等制度，这与河北的实际情况相符。

表 5 – 19　　　　　　　　　　**北京控工业措施编码**

	控工业措施
北京	A1 到 2020 年底前，再退出 1000 家以上一般制造业和污染企业
	A2 严格执行北京市新增产业的禁止和限制目录，强化资源、环境、技术条件等约束
	A3 严格控制挥发性有机物排放量大的行业项目准入
	A4 市经济信息化委等部门持续推进污染物排放较大、能耗较高、工艺落后、不符合首都城市战略定位的一般制造业和污染企业退出
	A5 开展新一轮"散乱污"企业及集群综合整治行动
	A6 各区通过"疏解整治促提升"专项行动、第二次全国污染源普查，组织乡镇（街道）、村（社区）完成新一轮拉网式排查"散乱污"企业，并实施台账管理
	A7 2018 年底前，各区依法采取关停取缔、升级入驻工业园区等措施，完成对在册"散乱污"企业的分类整治
	A8 2018 年底前，各区清理整治镇村产业聚集区内不符合产业政策的企业，市经济信息化等部门建立对镇村产业聚集区的用电用水量、污染排放量综合考评机制
	A9 各区对石化、汽车制造、印刷、家具、机械、电子等重点行业，组织开展挥发性有机物专项执法检查
	A10 市住房城乡建设委组织 2020 年底前完成绿色生产和密闭化升级改造
	A11 2020 年底前，基本完成挥发性有机物年排放量超过 25 吨的企业清洁生产审核
	A12 构建排污许可"一证式"管理体系，分批分步核发排污许可证，明确对排污单位的原辅材料、生产工艺、污染治理设施、总量控制、错峰生产等要求
	A13 研究将核发许可证行业排污单位的主要污染物排放量纳入统计范畴，2019 年开展单位产出污染物排放强度统计试点
	C1 石化行业重点企业制订环境治理提升方案，完成物料储运环节的污染治理

资料来源：笔者自制

表 5 – 20　　　　　　　　　　**天津控工业措施编码**

	控工业措施
天津	A1 2020 年 9 月底前，建成区生物质锅炉实施超低排放改造
	A2 新建项目严格落实国家大气污染物特别排放限值要求，对新建、改建、扩建项目所需的二氧化硫、氮氧化物和挥发性有机物等污染物排放总量实行倍量替代

	控工业措施
	A3 完成"三线一单"编制工作,严守生态保护红线,制定环境准入负面清单
	A4 制定更严格的产业准入门槛,严禁新增钢铁、焦化、电解铝、铸造、水泥和平板玻璃等产能
	A5 新建、改建、扩建涉及大宗物料运输的建设项目,原则上不得采用公路运输
	A6 完成新一轮"散乱污"企业排查登记,对"散乱污"企业实施关停取缔、搬迁和原地提升改造
天津	A7 禁燃区内禁止新建、改建、扩建使用高污染燃料项目
	A8 开展拉网式排查,建立各类工业炉窑管理清单
	A9 开展钢铁、建材、有色、火电、焦化等重点行业新一轮无组织排放排查工作,建立"一户一档",加强监管,确定无组织排放改造清单
	B1 各区通过建立激励机制、加大资金投入、依法给予政策倾斜,加快"散乱污"企业拆除腾退后土地的开发利用,培育工业发展新动力,加快产业结构和规划布局优化升级

资料来源：笔者自制。

表 5 – 21　　　　　　　　　河北控工业措施编码

	控工业措施
	A1 2018—2020 年,完成省定 40 家重点污染工业企业退城搬迁或关停
	A2 全省符合改造条件的钢铁企业全部达到超低排放标准;符合条件的焦化、钢铁企业完成有色烟羽治理
	A3 2019 年底前,全省具备深度减排改造条件的燃煤机组完成深度治理,达到相关标准要求
	A4 加强源头和过程控制,强化重点行业清洁生产强制审核
河北	A5 完善末端治理,推进重点行业最佳实用技术应用,严格污染治理设施运行管理
	A6 将烟气在线监测数据作为执法依据,加大超标处罚和联合惩戒力度,未达标排放的企业一律依法停产整治
	A7 对开发区、工业园区、高新技术产业开发区等进行集中整治,限期进行达标改造,减少工业聚集区污染
	A8 以钢铁、焦化等行业为重点,对标世界一流水平,制定大气污染物超低排放地方标准和技术指南,建立治理工程项目清单,全面实施超低排放改造
	A9 实施重点行业环保"领跑者"制度

续表

	控工业措施
河北	A10 推进工业企业"持证排污""按证排污"
	A11 推行企业排放绩效管理、企业排放信息强制性披露和环境信用评价制度
	A12 实行燃煤电厂和燃煤机组排放绩效管理,坚决淘汰关停环保、能耗、安全等不达标的 30 万千瓦以下燃煤机组
	A13 2018—2020 年,每年压减退出燃煤机组 50 万千瓦,按需完成 60 万千瓦等级纯凝机组供热改造,大容量、高参数机组比重达到 90% 以上
	A14 开展电力行业深度减排专项行动,在原有燃煤机组超低排放基础上,实施电厂有色烟羽治理
	A15 2018 年,结合机组检修计划,有序开展城市主城区及环境空气敏感区燃煤电厂有色烟羽治理试点工程
	A16 2019 年底前,全省具备深度减排改造条件的燃煤机组完成深度治理,达到相关标准要求
	A17 到 2020 年,全省火电行业单位发电煤耗及污染排放绩效达到世界领先水平
	A18 制定工业炉窑综合整治实施方案,开展工业炉窑拉网式排查,分类建立管理清单
	A19 加大对不达标工业炉窑的淘汰力度,加快淘汰中小型煤气发生炉
	A20 取缔燃煤热风炉,基本淘汰热电联产供热管网覆盖范围内的燃煤加热、烘干炉(窑)
	A21 淘汰炉膛直径 3 米以下燃料类煤气发生炉,加大化肥行业固定床间歇式煤气化炉整改力度
	A22 集中使用煤气发生炉的工业园区,暂不具备改用天然气条件的,原则上建设统一的清洁煤制气中心;禁止掺烧高硫石油焦
	A23 制定石化、化工、工业涂装、包装印刷等 VOCs 排放重点行业和油品储运销综合整治方案,开展泄漏检测与修复
	A24 禁止建设生产和使用高 VOCs 含量的溶剂型涂料、油墨、胶粘剂等项目
	A25 开展 VOCs 整治专项执法行动,严厉打击违法排污行为
	A26 开展钢铁、建材、火电、焦化、铸造等重点行业无组织排放排查工作,以市为单位分行业建立无组织排放改造清单和管理台账
	A27 对物料(含废渣)运输、装卸、储存、转移与输送以及企业生产工艺过程等无组织排放进行深度治理,并加强监督检查
	C1 在资源落实的前提下,鼓励工业炉窑使用电、天然气等清洁能源或由周边热电厂供热

资料来源:笔者自制。

在控扬尘的措施方面,从表5-22、表5-23和表5-24可见,北京提出了15项治理措施,天津的具体措施最少,措施数量是11项,河北的措施数量最多,有20项。措施的内容方面,北京、天津和河北都从施工工地扬尘监管和道路扬尘治理入手。同时,都采取建筑施工企业扬尘污染治理措施,建立建筑企业黑名单,强力监督企业对扬尘污染控制工作加以重视。北京还建立了粗颗粒物监测网络,将粗颗粒物监测与运输车辆许可紧密捆绑,并明确要求施工工地将扬尘污染实时监测和公布,接受公众监督。而天津和河北并未采取上述措施,可以看出北京在扬尘治理中具有一定的前瞻性。在扬尘治理中,与北京和天津不同,河北针对露天矿山的扬尘治理提出了有力的措施,例如停产整治、修复绿化等。

表5-22　　　　　　　　　北京控扬尘措施编码

	控扬尘措施
北京	A1 组织建成覆盖各区及乡镇(街道)的粗颗粒物监测网络
	A2 组织各乡镇(街道)派专人巡查,监督工地出入口运输车辆清洗和路面冲洗保洁情况并督促问题整改
	A3 由市住房城乡建设委牵头,稳步推进发展装配式建筑,会同市重大项目办组织轨道交通施工工地实现全密闭化作业,并安装高效布袋除尘设备
	A4 2019年起,各行业主管部门在城六区推广拆迁、拆违、施工建设、装修等项目高围挡封闭化作业方式,有条件的实施全密闭化作业,2020年逐步推广到全市范围
	A5 市住房城乡建设、城市管理、交通、水务、园林绿化等部门建立健全行业扬尘监管体系
	A6 市城管执法局围绕扬尘执法检查量、违法查处率等指标体系加强监管
	A7 在同一施工周期内,对因施工扬尘违法行为被处罚2次、仍有扬尘行为的施工单位,城管执法部门、相关行业管理部门依法对其采取责令停工整改7天等措施;对被处罚3次仍有扬尘行为的,暂停其在京投标资格半年;对被处罚4次及以上、恶意制造扬尘污染、拒不整改的,纳入企业信用"黑名单"
	A8 市规划国土委组织开展露天矿山摸底排查,对违反资源环境法律法规、本市矿产资源总体规划,污染环境、破坏生态、乱采滥挖的露天矿山,依法予以关闭
	A9 组织开展联合执法和定期督导检查,完善多部门溯源联惩机制
	A10 对不符合要求、出现遗撒的车辆,移送城管执法等相关部门依法予以处罚

	控扬尘措施
北京	A11 核查建设单位提供的运输企业经营许可、运输车辆准运证、工程项目消纳证等证明材料，不符合要求的，不得发放《施工安全监督告知书》
	A12 督促施工单位"进门查证、出门查车"，确保渣土运输车辆"三不进两不出"
	A13 交通、公安交通管理部门采取约谈、限期整改直至依法吊销道路货物运输经营许可等措施，严肃查处营运性渣土车违法违规行为
	C1 鼓励工地聘用第三方专业公司进行施工扬尘治理
	C2 明确施工工地在主要出入口公示相关实时监测结果，接受社会监督

资料来源：笔者自制。

表 5-23 天津控扬尘措施编码

	控扬尘措施
天津	A1 中心城区和滨海新区核心区施工工地实现智能渣土车辆运输全覆盖
	A2 各行业主管部门按照职责分工对各类施工项目持续加大监管力度，对出现违规排污的企业，依法暂停投标资格、从重处罚，并按规定向社会公开
	A3 建立各类施工工地扬尘管理清单动态更新机制，每季度更新
	A4 将施工工地扬尘污染防治纳入文明施工管理范畴，建立扬尘控制责任制度，扬尘治理费用列入工程造价
	A5 将扬尘管理工作不到位的不良信息纳入建筑市场信用管理体系，情节严重的，列入建筑市场主体"黑名单"
	A6 因地制宜稳步发展装配式建筑
	A7 持续加大禁止露天焚烧秸秆力度，在重点时段开展秸秆禁烧专项巡查
	A8 对在重污染天气预警期间出现秸秆露天焚烧，被国家及本市通报的，一律严肃问责
	A9 严格执行《天津市人民代表大会常务委员会关于禁止燃放烟花爆竹的决定》，落实禁止销售、燃放烟花爆竹要求
	C1 宣传引导群众不在道路及社区非指定区域内焚烧花圈、纸钱等
	C2 各类施工工地严格落实"六个百分之百"污染防控措施，安装在线监测和视频监控设备，并与主管部门联网

资料来源：笔者自制。

表5－24　　　　　　　　　　河北控扬尘措施编码

控扬尘措施
A1 对违反资源环境法律法规、规划，污染环境、破坏生态、乱采滥挖的露天矿山，依法予以关闭
A2 对污染治理不规范的露天矿山，依法责令停产整治，验收合格后方可生产
A3 督导矿山治污设施安装在线监控系统，对拒不停产或擅自恢复生产的依法强制关闭
A4 严格控制露天矿山建设项目
A5 2018 年，对环保不达标的有证露天矿山持续实施停产整治，不达标一律不得生产
A6 对 171 处责任主体灭失矿山迹地通过修复绿化、转型利用、自然恢复进行综合治理。到 2020 年底，责任主体灭失矿山迹地综合治理率达 50% 以上
A7 建立扬尘控制责任制度，扬尘治理费用列入工程造价
A8 对未落实扬尘防治措施的建筑工地进行处罚，并将不良信息纳入建筑市场信用管理体系，情节严重的，列入建筑市场主体"黑名单"
A9 2018 年 8 月底前，完成全省建筑工地登记造册并实行动态更新，建立建筑施工扬尘管理清单
A10 2018 年底前，实现全省建筑工地"六个百分之百"和视频监控、PM10 在线监测联网全覆盖
A11 2019 年进一步提档升级，构建起过程全覆盖、管理全方位、责任全链条的建筑施工扬尘治理体系
A12 实施城市道路扬尘监测制度，构建指标量化考核机制，实行"以克论净"
A13 严格渣土运输车辆规范管理，严查散料货物运输车辆遗撒，加大监控和打击力度
A14 提高机械化清扫水平，到 2020 年，全省城市出入口及城市周边重要干线公路、普通干线公路穿越县城路段清扫作业全部实现机械化，公路路面范围内达到露本色、基本无浮土
A15 建立道路施工扬尘责任追究制度和严惩重罚制度
A16 对在建公路建设项目开展扬尘专项整治，2018 年施工现场扬尘整治达标率达到 95% 以上，到 2019 年达到 100%
A17 到 2019 年，对环境敏感区的煤场、料场、渣场实现在线监控和视频监控全覆盖
A18 建立健全秸秆禁烧网格化监管机制。对发现的露天焚烧行为，依法依规予以处罚并实施责任追究
A19 开展农村生活垃圾治理三年行动，因地制宜选取治理模式和治理技术，建立长效运行机制
A20 开展国省干道、铁路沿线、城镇周边以及其他重点区域、敏感区域城乡垃圾（含工业下脚料）集中整治攻坚行动，严厉打击露天焚烧行为，对失管失控的严肃追责问责

（左侧纵向标注：河北）

资料来源：笔者自制。

3. 政策工具协同

从表 5 – 25 可见，根据 2018 年大气污染治理行动计划，观察北京、天津和河北治理措施的类型分布情况。发现，在控车、控煤、控工业以及控扬尘方面，京津冀地方政府，都主要使用命令控制型政策工具。公众参与型政策工具的使用比命令控制型少，市场型政策工具的使用则最少，在某些措施中甚至为零。由此可见，命令控制型政策工具在三地的大气污染治理政策中占据主导地位。

表 5 – 25   2018 年政策工具类型分布

	命令控制型	市场型	公众参与型	合计
北京	37	0	5	42
天津	34	1	2	37
河北	59	0	1	60

资料来源：笔者自制。

经过打赢蓝天保卫战三年行动，京津冀地区大气质量有显著改善。相比于 2017 年，2020 年北京市 PM2.5 的浓度从 58 微克/米^3 下降到 42 微克/米^3，下降了 27.59%；天津市 PM2.5 的浓度从 62 微克/米^3 下降到 48 微克/米^3，下降了 22.6%，优良天数增加 36 天，重污染天数减少 12 天；河北省 PM2.5 的浓度为 44.8 微克/米^3，较 2017 年的 65 微克/米^3 下降了 27.7%，优良天数占 69.9%，较 2017 年提升 9 个百分点，超额完成"十三五"时期和蓝天保卫战三年行动计划目标任务。

第三节　区域雾霾治理中府际协同的整合途径

雾霾治理不仅是技术问题，更是对整个国家和社会治理体系与治理能力的考验。理顺政府层级之间、区域地方政府之间、政府部门之间的关系，整合政府、企业、社会的多方力量，实现从分散防控到统筹规划、协同治理，是实现雾霾综合治理的理性选择。雾霾协同治理需解决三大问题，由于跨界性、外溢性等因素，环境协同治理历来是难点。与流域等方面的环境治理相比，雾霾产生、扩散、监测和防控机制的复杂性更增加了协同治理中权责划分的难度。为此，需要从纵向介入的整合途径、横向协调的整合途径、运行机制的整合途径和制度嵌入的整合途径入手，对雾霾协同治理进行统筹规划和整体设计。

一 纵向介入的整合途径

目前，属地管理依然是中国进行行政事务管理的主要方式，但就雾霾问题而言，属地管理体制却极易造成政府间的协调困难。在雾霾治理中，由于雾霾污染的"外溢性、无界化、扩散不确定性"等特征，地方政府往往会自顾不暇，推诿逃避，强调他方责任，结果都遭受损失。而在双方陷入僵局、争执不下时，就只能由上级政府来进行协调与解决，因此在解决区域性雾霾的问题上，上级政府的推动是最直接也最有效的动力。但上级政府应在事前说明具体的协同策略，给予下级政府相关政策指引，以提高实施效率，避免雾霾污染倒逼政府协作。可见，在现行体制下，一套统一的、自上而下的实施策略十分必要。

雾霾早已不是一省一地的问题，其覆盖范围几乎占据了中国整个中东部地区。因此，应对区域性雾霾污染问题，必须依靠中央政府的顶层推动，以此来协调各省区市，实现协同治理。以京津冀地区为例，单从地理位置上来看，河北省各市将北京和天津紧紧环绕；但从行政级别上来看，三者属同一行政级别；而从领导力上来看，三者间并不具有相互领导与被领导的关系，无法实现资源的共享与统一的合作。而中央政府作为三者的行政领导，其所设立的组织机构与颁布的相关规定具有影响力和权威性。在应对本地区的雾霾污染问题上，三者能力不一。北京和天津应该在人才、技术、资金等方面大力支持河北省的发展，帮助其淘汰落后产业，促使区域结构的优化升级，实现京津冀一体化的绿色发展。这就要依靠中央政府设置专门的雾霾治理机构，其行政等级高于三者，具有行政权威，依靠行政压力促使京津冀投入资源支持长效战略合作机制的建设。

在中央政府制定了相关的政策方针后，将这些政策方针转化为实际行动就有赖于下级政府的工作。在由中央的政策方针转化为实际行动的过程中，必须明晰各级政府责任，层层传导压力，细化具体措施。政府的层级越低，需要考虑到的利益范畴就越小，在利益和认识方面的局限是许多地方政府坐井观天、实行地方保护的根本原因。也正是基于此，才需要中央政府从更高的战略层面出发自上而下地解决雾霾污染的问题。而在相关政策措施的落实上，省级政府的任务必然会细分为各市的单独责任，各市又会进一步细分，从而逐层细化，直至乡镇级政府，伴随任务量进行层级分配的还有相应的责任与压力，这种行政性的纵向政府间的压力传导机制是保证行政效率最有效的手段之一。当然，在具体的实施中也要严防上级政府的行政命令演变为非权威性的一般号召，杜绝下级政府敷衍了事、减弱行政体制约束力的行为。

二　横向协调的整合途径

地方政府的横向协调，是指不同地区或不同级别的地方政府间的协商。地方政府间不存在指导与被指导的关系，更不存在领导与被领导的关系。这就要求我们通过一定的制度、机制建设，同时借助一定的规范来约束、协调各个地方政府的行为，促成其合作，从而达到互利互惠的共赢效果。

雾霾治理的难点就在于其本身所具有的"外溢性、无界化、扩散不确定性"等特征，这使责任主体难以确定，且往往会出现污染源与被污染区域不在同一属地的现象，导致污染源所在行政区域出于自身利益考虑敷衍了事，而被污染区域又没有管理权。这种利益上的损害是相互的，最终的结果是双方的利益都会受到威胁和削减。鉴于此，在应对雾霾污染的问题上，必须由上级政府牵头，加强地方政府与地方政府间的合作与协调，以扩大雾霾治理范围，增强综合治理，完善治理过程，实现源头治理。构建有效的地方政府横向合作与协调机制，解决雾霾治理中存在的"碎片化"现象，实现协同治理。

在中国的雾霾治理中存在着政府各部门林立却又各自为政的现象。在监测预报方面，气象部门与环境监测部门，各有其相应的监测、分析、评估体系，但二者体系间却未实现信息共享。在行政方面，雾霾的治理也涉及除环境保护部门之外的建设、绿化、市容、市政部门甚至还包括城管、交通运输部、港口部门等。依照各部门的相关规定，城管执法局负责监管码头、露天仓库的扬尘污染；郊区道路上扬尘污染则由交通管理部门负责；机动车尾气排放和城市道路扬尘污染由交通运输部门监管，而建设部门和市政管理部门则分别负责建筑工地上与公路、桥梁等地的污染。可以说各部门分管一摊，难以形成合力以同时有效地清除雾霾污染源。在实际的雾霾治理中，工业废气、汽车尾气、采暖燃煤等问题，也绝非单一部门依靠行政命令可以解决的，往往还需要市政、住建、民政等部门的支持与配合。可见，加强政府各职能部门间的联合行动，对各个部门的职能进行整合，是应对雾霾污染的可行之道。

企业被认为是雾霾的主要污染源之一，但实际上，雾霾问题也给企业带来了一定的消极影响。首先，由于雾霾影响交通，企业不得不增加库存以应对交通状况；其次，企业不得不担心政府的临时性政策，一些污染较严重的企业随时可能会被阶段性关停；另外，企业也不得不提高员工的薪金待遇，以弥补雾霾污染的危害。在应对雾霾问题上，企业应积极承担社会责任，从长远发展来看，企业的社会责任与其经济效益是呈正相关性的。节能减排、转型升级符合社会公众的利益，会使企业因顾客的青睐而获得丰厚的利润。该行为虽然不能直接带来经济效益，但会使企业树立良好的形象、获得社会各界的支持，从而为企业获取长期利润准备了条件。企业作为国民经济的基本单位，是市场经济活动的主要参加者。治理雾霾需要企业的积极配合，一方面，在雾霾污染严重的现实下，企业应积极开发清洁产品，引领消费者的消费方向；另一方面，雾霾治理除了需要环保企业的参与，更需要其他企业在自身发展中，不断转型升级，减少污染物排放，从源头上实现标本兼治。

在中国从"大政府、小社会"向"小政府、大社会"转型的背景下，环保社会组织在政府治理环境问题中的作用越来越重要。从自上而下的社会治理来看，治理雾霾污染问题要在确保政府的主导地位的基础上，引导环保社会组织的有序参与。环保社会组织曾经为国内外环保事业作出许多贡献。他们曾通过自身的努力推动了现代国际环境法的诞生及进一步发展，并积极开展相关游说活动促使政府关注环保问题。就雾霾治理而言，他们在宣传和监督方面也将会起到独特的作用。国际绿色经济协会作为专业的社会组织就曾在2014年围绕京津冀及周边地区大气污染防治工作，牵头组织专家与具有优秀技术和解决方案的企业联合行动，通过组团赴合作城市考察调研，开展大气污染防治示范经验交流、重点污染防治领域项目考察与问题会诊、解决方案研讨座谈会与大气污染治理全程协同工作，建立了一站式全系统的城市大气污染防治联合行动平台。

应对雾霾污染，要加强社会组织的建设。社会组织要在雾霾治理上与政府积极保持联系，配合政府的相关工作，当好政府的助手，要积极向政府反映公众的意见，发挥好自身的桥梁作用。另外，还要坚持和落实管理服务的透明化，积极回应公众的要求，接受公众监督。加强对组织成员的培训，提高其自身素质和业务能力。而在社会组织和政府的相互关系上，要充分保证社会组织的自主性，避免政府不必要的干预与影响。

三　运行机制的整合途径

体制意味着特定的权力分配方式、责任分担机制和利益分享格局。从制度经济学的角度讲，趋利避害的动机会将这些权力分配、责任分担和利益分享的机制转化成主体的行为方向和强度。将这些机制通过各个维度的相互关联传导出去，使其形成动态的运行机制，是实现协同治理的关键。但与区域经济一体化中的府际合作相比，雾霾协同治理中主体间合作从动机上具有本质区别。经济一体化中地方政府合作的根本目的是通过资源整合或交换等方式换取合作收益，实现"1 + 1 > 2"的效应。而雾霾治理中主体间合作行为的动机不会是主动趋利，而是避害，这就决定了内生动机的、自发的、自下而上的、自组织的协同行动机制很难出现在协同治理中，很大程度上只能依靠外生动机的、引导甚至强制性的、自上而下的、他组织的协同行动机制。作为一项系统工程，雾霾协同治理可以从统筹规划、对话协商与责任落实，信息共享、执法联动与应急联动，责任追究与学习扩散入手，形成完整的运行机制的回路，真正实现协同治理的局面。

其一，统筹规划、对话协商与责任分担。在雾霾的协同治理中，统筹规划尤为重要。中国疆域辽阔、省市众多，各省区市经济发展水平不均，具体情况更是不尽相同，而雾霾治理本身又具有复杂性、长期性的特征，加上地区经济发展的压力和属地管理的体制束缚及治理主体间存在的利益竞争关系，必须要由中央牵头，进行统筹规划，制定长期的、可持续的、科学的政策法规。建立并完善对话协商机制，首先，要求地方政府、企业、公众等各方主体通过交流互动求同存异，对雾霾治理达成较为一致的价值认同。其次，地方政府应保证信息的公开与共享，以此建立彼此间的相互信任关系。最后，还应建立起定期的会议机制与长期的合作机制。政府是雾霾治理的主要力量，在治霾中负有不可推卸的责任，这主要包括政府的法律责任和经济责任。法律责任是指政府应制定并完善雾霾治理的相关法律法规，明确各方主体在雾霾治理中的权利与义务。经济责任是指政府必须在治理雾霾上投入一定量的资金。地方政府应签订责任目标书，同时由中央完善地方政府业绩考核的标准，并严格执行对地方政府的考核。要建立长期的督导评估机制，对规划实施进行跟踪检查，建立检测和预警机制，实施专项督查。同时要鼓励公众、社会组织等积极参与，充分发挥出社会的监督作用。

其二，信息共享、执法联动与应急联动。遇到突发事件，要做到紧急联动。各地方政府应该整合自身所掌握的信息，将当地工业、车辆、取暖等污染源信息会同市政、城管、民生等部门建立相关数据库，对排污的单位实行全方位的监控，并实时更新其污染信息。同时，还要与其他地方政府积极联系合作，对于跨地域企业、外来车辆信息进行整合通知，建立联合监测制度，实现更大范围内信息互享。而执法联动则是由于一方面各部门职能分工不同，但现实情况往往需要其相互配合，共同执法；另一方面，行政属地的交界地区往往监管力度较小，环境污染严重，需要地方政府间合作。执法联动首先应在区域内部创建专门的机构，设立区域内的联合执法小组，明确执法联动的主体。要强化上下级政府部门及部门间的协同治理与合作，可由当地政府作为直属领导，统领规划雾霾治理的大局，制定总的雾霾治理目标。政府上下级之间以及不同的部门间应加强协同，互相合作，定期交流治理经验，加强执法联动、联合行动，并在雾霾治理中共同投入相应的技术、资金等资源。其次，要在各个地方政府间的交界处划清边界，消除交界处的盲点。最后，应构建统一协调、应急联动工作体系，包括各部门间联动预警和政府间的合作联动，突发性雾霾应急处理和跨区域车辆管理等，以建立统一协调、相互协作的执法联动新机制，营造良好的环境，保障公众的健康，维护社会稳定。

其三，责任追究与学习扩散。责任追究是雾霾污染协同治理方式的重要一环，"事后"的责任追究应基于"事前"的责任分配和实际实施中取得的效果综合检验。但由于现行体制下唯 GDP 论的片面的政绩观以及现有立法的不完善、问责机制不健全、作用有限的监督机制等原因，雾霾污染治理中仍存在着政府责任缺失的现象。对此，应在完善环境立法，明确问责主体、客体及相关责任，建立长期的督导评估机制，对规划实施进行跟踪检查，建立检测和预警机制，实施专项督查的前提下，根据地方政府签订的目标责任书，按照业绩考核的标准，严格问责，特别是主管领导的责任。同时，对于实施效果较好的地方政府，也要进行相关的经验总结，做好学习扩散工作，将雾霾治理的成功经验推向更广的区域，实现更大的效益。

四　制度嵌入的整合途径

从目前大气污染防治、雾霾协同治理、环境治理等相关的法律法规和政策制度来看，制度安排存在分散的状况。主要体现在：区域地方政府之间的制度安排存在冲突或不一致；部门间制度或政策"打架"；不同法律法规或政策制度没有形成合力或相互冲突。在分散的制度安排下，主体行为分散的趋势不可避免，这必然影响到协同治理结构的运行效果。反过来，无论是协同治理的体制或协同治理的运行机制，最终都需要通过系统化的制度安排来实现。为此，区域内的地方政府要在总体规划的背景下，深入探讨并通过实践探索出一整套的制度体系。在具体做法上，可以从会商制度、巡视制度、听证制度与责任追究制度着手构建，确定系统制度体系的整体设计、核心要件和基本原则。必要时，将原则性制度上升至法律层面。

其一，会商制度。会商制度是指相关主体聚集在一起就某一事项进行会诊式磋商并拿出解决问题的办法。其多用于气象、防洪、地震等自然灾害，而在协同治理雾霾中，还未形成长期可持续的会商制度，可结合现有的汛期气象服务会商、公共气象服务会商及防汛会商的成功经验，制定雾霾治理会商制度，并作为一项日常工作机制开展。具体可由环保部门和气象部门等成立会商小组，双方保持信息共享，根据实时的空气污染指数、空气质量、气象条件等监测信息，分析空气的构成成分、污染程度、变化趋势。当气象部门预测到未来将会出现不利的气象条件时，可借助远程视频及时与环保局进行联合会商，若会商的结果是这将导致重污染天气，则要形成会商意见，报送小组办公室，并召开会议部署具体应对措施。而如果遇到突发性重度污染，会商的频次也必须增加，还应将情况报告会商专家组，由专家组决定具体行动方案。

其二，巡视制度。巡视制度本身是党内的一项制度，是市级以上的党委通过专门巡视机构，按照有关规定对下级党组织领导班子及其成员进行监督的制度。长期以来，巡视制度作为一种特殊的监督检查机制发挥了重要的作用，将巡视制度引入雾霾治理中，将对督促地方政府切实做好雾霾治理工作，完善雾霾治理制度产生积极影响。首先，应由环保部门牵头，会同气象部门等相关部门设立巡视工作领导小组，小组直接对中央负责并定期报告工作。巡视工作领导小组下设办公室，为其日常办公机构。各级政府环保部门设立巡视组，承担巡视任务，向巡视工作领导小组负责并报告工作。同时制定《巡视工作条例》。巡视组应定期组织区域内的监督检查活动，可采取实地考察、暗查的方式，要深入地方，了解真实情况，得到第一手信息。对于巡视过程中发现的各种问题，应及时向社会公开，并督促各地政府抓紧加以解决。

其三，听证制度。听证制度发源于西方国家，中国在 1998 年正式确立了价格决策听证，这标志中国正式确定了听证制度在公共政策领域的应用。由于听证制度本身所具有的广泛参与性，在近二十年的时间里取得了很好的效果。而在区域性雾霾污染的协同治理中，听证制度更是不可或缺的重要部分。应使雾霾协同治理听证制度常态化，并贯彻立法听证、行政决策听证、具体行政行为听证，做到事前、事中、事后都有公众、企业、社会组织的积极参与和意见表达，在充分听取各方意见的前提下，作出科学、合理的决策。同时，要完善听证代表的遴选制度，保证其具有代表性与专业知识。培养职业听证主持人，使其保持中立态度。加强听证笔录的法律效力，严格规定规范听证的程序。

其四，责任追究制度。2013 年国务院颁布了《大气污染防治行动计划》，其中第十条对大气污染防治的责任体系进行了说明，分别涉及地方政府、相关部门、企业和公众及个人的责任，其中的重点便是明确规定了地方政府的责任。雾霾协同治理中责任追究制度的实施，要以责任制度的明确制定与实施为出发点。要建立一把手负责制，实行一票否决制，雾霾治理的责任追究范围即为各地方政府的一把手及相关领导，以环境质量改善作为责任考核体系的核心，通过一票否决制使雾霾治理与领导干部的升迁直接挂钩。同时，应建立相关的奖惩制度及小规模的财政联动机制。对于治理雾霾不达标的地方政府采取罚款与削减中央投资并举的方法，迫使其注重环保事业的发展，治理雾霾。之后，还应完善政府在雾霾治理中的法律责任。将行政不作为、乱作为等引入实际的雾霾治理中，严厉追究地方政府的相关法律责任。

第 六 章

从短期到长效：区域雾霾治理中
府际协同的效应

随着现代化进程的逐步推进，中国生态破坏和环境污染的负外部性不断凸显。其中，具有流动性和外溢性的空气污染更严重影响着区域经济社会的发展和人民生活幸福感的提升。以单一行政区为主的传统治理结构已经无法有效防治跨区域的空气污染，打破行政壁垒、建立并完善跨行政区的府际合作机制已经成为解决跨域空气污染问题的必要举措。2013 年 9 月，国务院印发《大气污染防治行动计划》，对全国范围的大气污染防治和空气质量改善提出新的要求，受雾霾污染影响严重的京津冀三地政府也针对空气污染开展一系列跨域合作，经过大量的探索、尝试，最终形成了具有典型示范效应的京津冀合作形式。2015 年，京津冀三地环保部门签署《京津冀区域环境保护率先突破合作框架协议》，明确要求三地加强在水、土壤、大气等生态环保领域的合作，共同改善京津冀区域环境质量，助推京津冀协同发展战略，具体以联合立法、统一规划、统一标准、统一监测、信息共享、协同治污、执法联动、应急联动、环评会商、联合宣传十个方面为重点突破口。那么，京津冀三地政府在雾霾治理过程中府际协同的效果如何？府际合作能否有效降低空气污染、实现京津冀区域空气质量改善的治理目的？这些都成为当前雾霾治理实践和雾霾治理研究中仍需进一步关注和探究的问题。

基于对上述问题的思考，本书旨在探究京津冀雾霾治理过程中的府际协同效应。考虑到已有十种雾霾治理合作形式的可操作性、治理效果的滞后性以及数据的可获得性，本书将以京津冀雾霾治理过程中十项合作形式中的执法联动为例，利用京津冀及周边地区共 31 个城市在执法联动行动前后一段时期内的空气质量指数等面板数据，采用双重差分法检验执法联动行动的执行效果。

第一节　研究设计

一　研究假设

Beck 提出，大气污染导致的环境风险，正呈现出一种跨越国家界限、跨越阶层的全球化趋势。随着区域一体化和府际合作实践的深入，公共治理实践中也发展出适应区域发展和环境治理需求的多种合作形式[①]。2015 年 11 月，京津冀区域建立环境执法联动机制，并在这一机制下首次启动了环境执法联动工作。但在此之前，京津冀就已针对大气污染开展了多次联合治理行动，如 2008 年奥运会、2014 年 APEC 会议、2015 年"抗战胜利 70 周年阅兵"、两会等特殊或重大活动期间的空气质量联合保障行动。基于丰富的大气治理实践，一些学者将研究视角集中在大气污染跨域协作治理模式、治理机制及其背后的制度逻辑等。如郭施宏、齐晔提出，京津冀大气污染协作实际上是一种伙伴关系模式[②]。谢宝剑、陈瑞莲则认为目前区域合作模式还是以府际主导为主[③]。

无论是从合作实践出发进一步概括总结合作模式，还是立足于合作的未来提出合作的实现方式与路径，都只是合作形式的提升与完善。从合作治理效果出发才能从本质上判断政府间合作模式、路径的可行性和有效性，进而推动雾霾治理中政府间合作研究的纵深发展[④]。对于跨域协

① Beck, U., *Risk Society: Towards a New Modernity*, London: Sage Publication, 1992, p. 111.

② 郭施宏、齐晔：《京津冀区域大气污染协同治理模式构建——基于府际关系理论视角》，《中国特色社会主义研究》2016 年第 3 期。

③ 谢宝剑、陈瑞莲：《国家治理视野下的大气污染区域联动防治体系研究——以京津冀为例》，《中国行政管理》2014 年第 9 期。

④ 赵志华、吴建南：《大气污染协同治理能促进污染物减排吗？——基于城市的三重差分研究》，《管理评论》2020 年第 1 期。

作治理能否改善区域空气质量，国内学者提出了不同的看法。一部分学者认为，空气质量保障行动能够有效改善空气质量，如王恰、郑世林的研究指出，"2+26"城市联合防治行动显著降低了各类大气污染物浓度[1]。Schleicher等以北京奥运会期间联合治理措施为例，发现空气中细颗粒物浓度确实实现了明显降低[2]。李建呈等人研究发现，京津冀空气污染防治政策使区域空气质量得到明显改善[3]。支持这一观点的学者主要认为大气污染具有"连片排放与跨域迭代传输"的特点，一个城市的污染物能够通过自然因素和社会经济机制向周边城市扩散[4]，从而扩大污染范围；在污染物持续扩散的情况下，单一城市的治污举措就显得"势单力薄"。而区域内多城市之间的联合行动可以减少和避免"搭便车效应"和"公地悲剧"的发生，最大限度地形成治污合力，从而减少大气污染物在城市间的流动和扩散，从整体上改善区域内空气质量[5]。还有一部分学者指出，虽然现有研究在一定程度上证实了京津冀地区在联合治污方面的显著成效，但从长期来看，这类治理行动持续时间短，效果难以维持，甚至在重大活动后出现空气质量迅速恶化的情况[6]。为此，提出研究假设。

假设1：环境执法联动能够有效改善空气质量。

假设2：环境执法联动对空气质量的改善作用并不具备长期有效性。

在前人已有研究的基础上，选取京津冀及周边地区城市为对象，采

①　王恰、郑世林：《"2+26"城市联合防治行动对京津冀地区大气污染物浓度的影响》，《中国人口·资源与环境》2019年第9期。

②　Schleicher, N., Norra, S., Chen, Y., et al., "Efficiency of Mitigation Measures to Reduce Particulate Air Pollution—A Case Study during the Olympic Summer Games 2008 in Beijing, China", *Science of the Total Environment*, Vols. 427–428, 2012, p. 146.

③　李建呈、王洛忠：《区域大气污染联防联控的政策效果评估——基于京津冀及周边地区"2+26"城市的准自然实验》，《中国行政管理》2023年第1期。

④　邵帅、李欣、曹建华等：《中国雾霾污染治理的经济政策选择——基于空间溢出效应的视角》，《经济研究》2016年第9期；王红梅、谢永乐、张驰等：《动态空间视域下京津冀及周边地区大气污染的集聚演化特征与协同因素》，《中国人口·资源与环境》2021年第3期。

⑤　王恰、郑世林：《"2+26"城市联合防治行动对京津冀地区大气污染物浓度的影响》，《中国人口·资源与环境》2019年第9期。

⑥　石庆玲、郭峰、陈诗一：《雾霾治理中的"政治性蓝天"——来自中国地方"两会"的证据》，《中国工业经济》2016年第5期。

用双重差分法对环境执法联动行动效果进行检验。与已有研究相比，本书可能的创新之处在于：一是以京津冀府际合作中的联动执法行动为研究案例，而非协同治理行动，使研究问题更具有针对性；二是选取2015—2017 年开展的三次行动为研究样本，观察不同年份、不同执行周期联动执法行动效果的异同点；三是在对行动结束后的效果进行动态性检验，以探究执法联动行动效果的持续性。

二 样本选取

2015 年 11 月，京津冀三地环境保护部门在北京召开了首次京津冀环境执法与环境应急联动机制联席会议，会议指出要建立三地联动机制，成立京津冀环境执法联动工作领导小组，依法、高效进行联动执法工作，推动京津冀环境质量改善。主要内容涉及环境污染问题和环境违法案件的处理、重要生态功能区排污企业的处置、特殊时期大气污染源的排查与整治以及重点案件的办理①。自这一环境执法联动机制建立以来，京津冀三地环保部门根据年度和季节性的环境保护重点工作确定具体执法内容，并开展多次执法联动工作。

2015 年 12 月，京津冀在环境执法联动机制建立以来首次启动联动执法工作。此次行动主要针对的是京津冀秋冬季节污染物排放特征和高架源排放的输送作用，如重点行业、重点排污单位和挥发性有机物排放源，京津冀环境执法联动工作领导小组要求各地要结合具体情况和要求，按照统一的方案开展行动②。2016 年，京津冀环境执法联动工作联席会议继续针对京津冀及周边地区环境污染状况制定了《京津冀今冬明春大气污染防治督导检查工作方案》，对冬春季节京津冀大气污染防治监察和督导工作展开部署。《方案》提出，2016 年 11 月 15 日至次年 3 月 15 日，京津冀三地要开展以地域、时间和人员三要素联动，以高架源污染、燃煤污染、移动源污染和重污染应急措施落实情况为重点内容开展联动执法

---

① 《京津冀建环境执法联动机制　可互派人员到对方辖区检查》，中国新闻网（https：//www.chinanews.com.cn/sh/2015/11-27/7644488.shtml）。

② 《京津冀首次启动环境执法联动机制共同打击环境违法行为缓解空气重污染程度》，千龙网（http：//beijing.qianlong.com/2015/1208/165303.shtmlh）。

工作①。

2017 年 8 月 2 日,京津冀环境执法联动机制第四次联席会议召开,对京津冀区域环境执法工作作出进一步部署,并发布《2017 年夏季京津冀联防联控环境保障工作方案》和《京津冀 2017 年夏季水污染防治联合督导检查工作方案》,指出在 2017 年 8 月 1 日至 9 月 15 日,京津冀三地环保部门要针对大气污染和水污染等突出环境问题开展执法联动工作,共同打击环境违法行为②。

自建立环境联动机制以来,京津冀于 2015 年、2016 年、2017 年相继开展了为期 4 天、121 天和 46 天的联动执法工作,在执行时间和执行周期上都具有一定代表性。因此,本研究将以 2015 年 12 月 6 日至 9 日、2016 年 11 月 15 日至次年 3 月 15 日、2017 年 8 月 1 日至 9 月 15 日开展的京津冀环境执法联动行动为例,收集行动周期前后的日度数据作为研究样本进行具体分析。

在双重差分方法的使用中,若某些城市作为实验组,为降低实验组与控制组在自然条件和社会发展水平的差异,常选用地理位置相邻省份中的城市作为控制组。但京津冀周边城市中,并不是所有城市的污染情况都与京津冀区域相同。《京津冀及周边地区 2017 年大气污染防治工作方案》中关于京津冀大气污染传输通道城市范围的划分,为控制组城市的选取提供了一定的标准。《方案》指出,京津冀大气污染传输通道包含 28 个城市,涉及北京、天津以及河北省、山西省、山东省和河南省等省份,且传输通道的城市多以高耗能、高污染的产业为主,其污染程度普遍较高。考虑到地理位置、污染程度等方面,本书将北京、天津及河北省所有地级市共 13 个城市作为实验组,选取京津冀大气污染传输通道中除京津冀城市之外的 18 个城市作为控制组(见表 6 - 1)。

---

① 朱晓彤:《京津冀三地完善环境执法联动 部署今冬明春大气污染防治监察督导工作》,《中国环境报》2016 年 12 月 2 日第 2 版。

② 《京津冀启动环保联动执法 严打监测数据弄虚作假》,中国新闻网(https://www.chinanews.com/gn/2017/08 - 02/8294083.shtml)。

表 6-1   样本选取

省份/直辖市	实验组（13 个）	控制组（18 个）
北京市	北京	—
天津市	天津	—
河北省	石家庄、唐山、廊坊、保定、沧州、衡水、邢台、邯郸、秦皇岛、张家口、承德	—
山西省	—	太原、阳泉、长治、晋城
山东省	—	济南、淄博、济宁、德州、聊城、滨州、菏泽
河南省	—	郑州、开封、安阳、鹤壁、新乡、焦作、濮阳

资料来源：笔者自制。

三 变量测量

解释变量为环境执法联动行动，并设置组间虚拟变量和时间虚拟变量。

被解释变量为空气质量，用空气质量指数（AQI）来表征。2012年，环境保护部出台《环境空气质量标准》（GB3095-2012），用空气质量指数（Air Quality Index，AQI）代替了 1996 年的标准（GB3095-1996）——空气污染指数（Air Pollution Index，API）。根据新标准将主要污染物浓度转化为具体数值形式[1]，用以反映空气污染程度，数值越大表示污染程度越高。本书 AQI 数据来自中国空气质量在线监测分析平台（https：//www. aqistudy. cn），基于中国环境监测总站每日小时数据计算得出。

控制变量主要选取了对空气质量有重要影响的气象因素。已有研究指出，区域的气象条件在一定程度上决定了污染物扩散的速度和水平[2]。

---

① 刘满凤、谢晗进：《基于空气质量指数 AQI 的污染集聚空间异质性分析》，《经济地理》2016 年第 8 期。

② 李小飞、张明军、王圣杰等：《中国空气污染指数变化特征及影响因素分析》，《环境科学》2012 年第 6 期。

有利的气象条件能够有效促进大气污染物的扩散①。其中，空气污染指数与降水、风速等要素紧密相关②。刘贺等研究指出，空气湿润对大气污染物有一定的抑制作用③。Wang 等对北京及周边地区大气污染联防联控进行研究，发现城市某些污染物浓度与风有较强的关联性④。周兆媛等人通过分析京津冀地区空气污染与各气象要素的关系发现，气温对空气质量有正向影响，产生这一现象的主要原因是大气在温度高的状态下容易不稳定，从而加速了污染物的扩散⑤。基于已有研究结论，本书选择城市日最高温（Highest Temp）、城市日最低温（Lowest Temp）、风速（Wind）和是否降水（Rain）等指标作为控制变量，其中，是否降水为 0 和 1 的二分变量。以上数据均来源于 2345 天气网。

四 实证模型

本书旨在检验京津冀雾霾治理中府际协同对区域空气质量的改善情况。执法联动行动的开展可视为一项政策的实施，通过对比政策实施前后空气质量的差异判断其对区域空气质量的影响。而双重差分法将政策的实施视为一种"准自然实验"⑥，通过分析控制组和实验组观察值的差异，从而实现政策效果评估的目的。因此，本书采用双重差分法对 2015年、2016 年、2017 年北京、天津、河北开展的环境执法联动行动进行分析，观察空气质量的变化，进而评估执法联动行动对空气质量影响的净

---

① 孙坤鑫：《机动车排放标准的雾霾治理效果研究——基于断点回归设计的分析》，《软科学》2017 年第 11 期；Liang, X., Zou, T., Guo, B., et al., "Assessing Beijing's PM2. 5 Pollution: Severity, Weather Impact, APEC and Winter Heating", *Proceedings of the Royal Society a Mathematical Physical & Engineering Sciences*, Vol. 471, 2015, P. 2182.

② 李小飞、张明军、王圣杰等：《中国空气污染指数变化特征及影响因素分析》，《环境科学》2012 年第 6 期。

③ 刘贺、李雪铭、田深圳等：《中国城市空气质量时空演变及影响因素研究》，《生态经济》2021 年第 9 期。

④ Wang, H., Zhao, L., Xie, Y., et al., "'APEC Blue'—The Effects and Implications of Joint Pollution Prevention and Control Program", *Science of the Total Environment*, Vol. 553, 2016, pp. 429 – 438.

⑤ 周兆媛、张时煌、高庆先等：《京津冀地区气象要素对空气质量的影响及未来变化趋势分析》，《资源科学》2014 年第 1 期。

⑥ 刘张立、吴建南：《中央环保督察改善空气质量了吗？——基于双重差分模型的实证研究》，《公共行政评论》2019 年第 2 期。

效应。

因此，构建双重差分模型，检验京津冀执法联动行动对空气污染的改善效果。

$$AQI_{it} = \beta_0 + \beta_1 \, Treat_i \cdot Post_t + \beta_2 \, C_{it} + \gamma_i + \mu_t + \varepsilon_{it} \qquad (1)$$

其中，AQI_{it} 代表空气质量指数，下角标 i 和 t 分别代表城市和时间；$Treat_i$ 是城市虚拟变量，$Treat_i = 1$ 时代表城市 i 开展京津冀环境执法联动工作，为实验组，$Treat_i = 0$ 时表示城市 i 并未实施区域环境执法联动工作，为控制组；$Post_t$ 是时间虚拟变量，$Post_t = 1$ 代表联合执法行动及之后的日期，$Post_t = 0$ 代表联合执法行动之前的日期。交互项 $Treat_i \cdot Post_t$ 的系数 β_1 为双重差分模型估计量，在本研究中表示京津冀环境执法联动行动对空气质量指数的净影响，如果 β_1 为负数，表示执法联动行动的开展使空气质量指数降低，则说明执法联动行动能够减少污染物的排放，改善空气质量；C_{it} 是一系列控制变量，具体有最高温、最低温、风速、是否降水等；γ_i 代表城市个体固定效应，μ_t 代表时间固定效应，ε_{it} 代表随机误差项。

本书分别检验于 2015 年 12 月 6—9 日、2016 年 11 月 15 日至 2017 年 3 月 15 日、2017 年 8 月 1 日至 9 月 15 日开展的京津冀环境执法联动行动的效果，因此时间虚拟变量 $Post_t$ 需设置三次。在设置研究样本的观察周期时，以政策冲击日为中心，以 1/2 月为单位，根据行动执行周期的长短，适当延长行动开始之前和行动开始之后的样本观察天数，且行动开始之后的天数要大于行动执行周期。

行动一：2015 年 12 月 6 日为政策冲击日（行动执行周期为 4 天），以 12 月 6 日为中心，前后各延长 19 天（在行动周期的基础上增加 1/2 月）。当 t 在 2015 年 11 月 17 日至 12 月 5 日之间时，$Post_t = 0$（共 19 天）；当 t 在 2015 年 12 月 6 日至 12 月 24 日之间时，$Post_t = 1$（共 19 天）。

行动二：2016 年 11 月 15 日为政策冲击日（行动执行周期为 121 天），以 11 月 15 日为中心，前后各延长 153 天（在行动周期的基础上增加一个月。考虑到样本日期和月份的完整性，将延长天数调整至 32 天）。当 t 在 2016 年 6 月 15 日至 2016 年 11 月 14 日之间时，$Post_t = 0$（共 153 天）；当 t 在 2016 年 11 月 15 日至 2017 年 4 月 16 日之间时，$Post_t = 1$（共 153 天）。

行动三:2017 年 8 月 1 日为政策冲击日(行动执行周期为 46 天),以 8 月 1 日为中心,前后各延长 61 天(在行动周期的基础上增加 1/2 月)。当 t 在 2017 年 6 月 1 日至 2017 年 7 月 31 日之间时,$Post_t = 0$(共 61 天);当 t 在 2017 年 8 月 1 日至 9 月 30 日之间时,$Post_t = 1$(共 61 天)。

第二节 数据分析结果

一 描述性分析

从表 6 - 2、表 6 - 3、表 6 - 4 可见,本书所选因变量和相关控制变量的描述性分析结果。其中,作为本研究的因变量,三次行动中 AQI 的最大值(500,500,210)和最小值(23,25,32)之间存在较大差距,表明 31 个城市间空气质量存在较大差异。同时,相关控制变量之间的差值也相对较大,这为本书进行实证分析提供了一定的解释空间[1]。

表 6 - 2 　　　　　　　　　　　　变量描述性统计

2015. 12. 6—9 执法联动行动							
变量名	变量解释	单位	样本量	平均值	标准差	最小值	最大值
AQI	日空气质量指数		1178	164. 34	115. 07	23	500
Highest Temp	日最高温	℃	1177	5. 12	3. 37	− 9	14
Lowest Temp	日最低温	℃	1177	− 2. 62	4. 01	− 17	10
Wind	日平均风速	m/s	1177	3. 40	0. 65	3	6
Rain	是否降水		1177	0. 19	0. 39	0	1

资料来源:笔者自制。

表 6 - 3 　　　　　　　　　　　　变量描述性统计

2016. 11. 15—2017. 3. 15 执法联动行动							
变量名	变量解释	单位	样本量	平均值	标准差	最小值	最大值
AQI	日空气质量指数		9391	115. 77	68. 54	25	500
Highest Temp	日最高温	℃	9486	18. 04	10. 73	− 8	40

---

[1] 赵志华、吴建南:《大气污染协同治理能促进污染物减排吗?——基于城市的三重差分研究》,《管理评论》2020 年第 1 期。

2016. 11. 15—2017. 3. 15 执法联动行动							
变量名	变量解释	单位	样本量	平均值	标准差	最小值	最大值
Lowest Temp	日最低温	℃	9486	8.19	11.05	-18	37
Wind	日平均风速	m/s	9486	2.73	0.93	2	11
Rain	是否降水		9486	0.25	0.44	0	1

资料来源：笔者自制。

表6-4　　　　　　　　　　　变量描述性统计

2017. 8. 1—2017. 9. 15 执法联动行动							
变量名	变量解释	单位	样本量	平均值	标准差	最小值	最大值
AQI	日空气质量指数		3757	106.34	38.89	32	210
Highest Temp	日最高温	℃	3778	30.28	4.01	12	41
Lowest Temp	日最低温	℃	3778	20.50	3.97	3	29
Wind	日平均风速	m/s	3778	2.71	0.87	2	6
Rain	是否降水		3778	0.37	0.48	0	1

资料来源：笔者自制。

为了清晰展示京津冀环境执法联动前后空气质量指数的变化，本研究整理了三次行动实验组和控制组城市的 AQI 数据。第一次行动（4 天）以日为单位计算 AQI 均值；由于第二次行动（121 天）和第三次行动（46 天）执行周期较长，为完整呈现观察期内 AQI 的变化趋势，将以月和 1/2 月为单位计算均值。

行动一：2015 年首次京津冀环境执法联动行动前后实验组和控制组 AQI 的均值变化。可以发现，在环境执法联动开始（2015 年 12 月 6 日）前后，12 月 4—7 日，实验组 AQI 均值分别为 76.85、112.30、172.00、201.54，控制组 AQI 均值分别为 83.78、138.88、182.17、257.83，两组数据均呈增长趋势。但在行动开始后第二日实验组 AQI 的增长率（17.17%）较行动前（46.13%、53.16%）有所下降，且明显低于控制组 AQI 的增长率（65.65%、31.27%、41.53%）。在行动结束（2015 年 12 月 9 日）后，实验组 AQI 均值较控制组出现明显下降，后期虽然存在波动。但整体来看，实验组 AQI 均值总是低于控制组，这与执法联动行动前的趋势明显不同。

行动二:2016 年 11 月 15 日至 2017 年 3 月 15 日京津冀环境执法联动行动前后实验组和控制组 AQI 的均值变化。从实验组 AQI 均值的变化趋势来看,在行动开始时,AQI 均值不断攀升,从 12 月下旬开始出现明显下降趋势;在行动结束(2017 年 3 月 15 日)后 AQI 均值开始缓慢回升。在执法联动行动开始后,AQI 均值出现峰值,这可能是由于秋冬季节北方地区污染物浓度偏高,往往在 12 月、1 月达到全年最大值[1],因而整体趋势呈现倒 U 形。从实验组和控制组 AQI 均值的相对趋势来看,在行动开始前两月(2016 年 9 月 15 日至 11 月 14 日),实验组 AQI 均值(106.30、111.32)整体趋势始终高于控制组数值(90.42、103.39)。但在行动开始(2016 年 11 月 15 日)后,实验组(149.31、197.91、142.84、94.48)与控制组(145.27、197.99、147.97、102.05)的差值逐渐减小,并在 12 月底实现了实验组 AQI 均值整体趋势低于控制组的转变。这一趋势在行动结束后一段时间内有所持续,但持续时间较短。

行动三:2017 年 8 月 1 日至 9 月 15 日京津冀环境执法联动行动前后实验组和控制组 AQI 的均值变化。从实验组 AQI 均值的变化趋势来看,行动开始(2017 年 8 月 1 日)后,AQI 均值出现明显下降,后期出现波动。从实验组和控制组的相对趋势来看,实验组数据在行动开始早期低于控制组,但后期高于控制组。行动结束(2017 年 9 月 15 日)后,实验组 AQI 均值仍有下降趋势,且低于控制组。

结合 2015 年、2016 年、2017 年三次行动前后 AQI 均值的变化情况来看,与控制组相比,行动开始后实验组 AQI 均值出现增长幅度放缓或绝对值下降趋势,且这一趋势在行动结束后有短时间的持续。但由于观察期内样本多、AQI 数值波动大,并且第二次和第三次行动是以时间段为单位进行趋势描述的,单纯从图中很难得出关于环境执法联动行动与空气质量相关性的明确结论,因此,仍需通过实证分析进一步验证。

二 双重差分分析

本书以 2015 年京津冀建立三地环境执法联动机制以来开展的三次联

---

[1] 王恰、郑世林:《"2+26"城市联合防治行动对京津冀地区大气污染物浓度的影响》,《中国人口·资源与环境》2019 年第 9 期。

动执法工作为例，搜集了京津冀及其周边地区 31 个城市环境执法联动工作前后一段时间的 AQI 数据作为面板数据，并将其作为被解释变量。通过构建双重差分模型，采用稳健异方差，对京津冀区域环境执法联动行动对空气污染的影响进行实证分析，回归结果见表 6 - 5，表中模型均控制了城市固定效应和日期固定效应，模型（1）（3）（5）没有加入控制变量。

表 6 - 5　　　京津冀区域执法联动行动对空气污染的实证检验

被解释变量	AQI 模型（1）	AQI 模型（2）	AQI 模型（3）	AQI 模型（4）	AQI 模型（5）	AQI 模型（6）
Treat · Post	- 19. 41273 ***	- 16. 45398 **	- 6. 150207 ***	- 4. 736075 ***	- 3. 847867 **	- 5. 755559 ***
	(- 2. 72)	(- 2. 20)	(- 3. 46)	(- 2. 69)	(- 2. 26)	(- 3. 58)
Highest Temp	—	- 4. 503009 ***	—	1. 526363 ***	—	3. 455511 ***
		(- 3. 42)		(5. 52)		(13. 27)
Lowest Temp	—	1. 144777	—	0. 0323183	—	3. 022593 ***
		(0. 76)		(0. 11)		(9. 27)
Wind	—	- 1. 937423	—	- 4. 578837 ***	—	- 1. 12635 **
		(- 0. 54)		(- 8. 13)		(- 2. 10)
Rain	—	0. 5200807	—	- 4. 504581 ***	—	- 3. 736617 ***
		(0. 08)		(- 3. 35)		(- 3. 06)
城市固定效应	YES	YES	YES	YES	YES	YES
日期固定效应	YES	YES	YES	YES	YES	YES
常数项	77. 74708 ***	126. 6829 ***	83. 37562 ***	56. 5379 ***	119. 0058 ***	- 41. 95584 ***
	(6. 35)	(5. 29)	(18. 25)	(6. 27)	(15. 26)	(- 4. 20)
样本量	1178	1177	9391	9391	3757	3753
F	48. 88	47. 87	43. 44	44. 27	53. 96	61. 11
R^2	0. 7469	0. 7506	0. 6549	0. 6595	0. 5954	0. 6559

注：括号中数字为标准误，*、**、*** 分别代表系数在 10% 、5% 、1% 的水平下显著。

模型（1）（2）报告了 2015 年第一次执法联动行动对空气质量影响的实证分析结果，政策冲击点为 2015 年 12 月 6 日。对比两者的数据分析结果发现，不加控制变量时，交互项（$Treat_i · Post_t$）的估计参数为

－19.41，在1%的统计水平下显著；加入控制变量后，交互项的估计参数为－16.45，在5%的统计水平下显著。这意味着，京津冀区域首次开展执法联动工作的效果显著，在开展环境执法联动后，区域空气质量明显改善。

模型（3）（4）报告了2016年第二次执法联动行动对空气质量影响的实证分析结果，政策冲击点为2016年11月15日。对比两者的数据分析结果发现，不加控制变量时，交互项的估计参数为－6.15；加入控制变量后，交互项的估计参数为－4.74，两者数值变化较小，且系数都在1%的统计水平下显著。这也表明，2016年11月开展的环境执法联动行动能够有效改善区域空气质量。

模型（5）（6）报告了第三次环境执法联动行动对空气质量影响的实证分析结果，政策冲击点为2017年8月1日。对比两者的数据分析结果发现，不加控制变量时，交互项的估计参数为－3.85，且通过显著性检验；加入控制变量后，交互项的估计参数为－5.76，并在1%的统计水平下显著。因此，可以进一步推断，2017年8月1日至9月15日开展的环境执法联动行动也有效降低了京津冀区域的空气污染。

从三次执法联动行动的回归结果看，京津冀执法联动行动能够降低区域城市空气质量指数，因此可以认为执法联动行动对区域空气质量有较明显的改善作用，假设1得到证实。纵向比较回归结果发现，三次行动的交互项系数分别是－16.45、－4.74、－5.76，与首次执法联动相比，2016年、2017年执法行动交互项系数的绝对值明显下降。这反映了自京津冀环境执法联动机制建立以来，虽然历年来开展的环境执法联动行动能够对区域空气质量改善起到正向影响，影响程度却相对减弱。

三　动态性检验

为了进一步检验京津冀环境执法联动行动对空气质量影响的持续性，本研究引入动态异质性模型对其动态效应进行回归分析[①]。通过观察执法行动结束后、执法行动结束5天后城市虚拟变量和时间虚拟变量的交互

---

① 苏芳、宋妮妮：《"一带一路"倡议对西部民族地区文化产业发展的影响——基于双重差分的实证分析》，《西南民族大学学报》（人文社会科学版）2019年第8期。

项衡量执法联动效应的持续性。若样本处于行动结束后，时间虚拟变量赋值为1，否则为0；若样本处于行动结束5天后，时间虚拟变量赋值为1，否则为0。模型均控制城市固定效应和日期固定效应，并且加入最高温、最低温、风速、是否降水等控制变量，检验结果见表6-6。

从表6-6可见三次行动结束后动态效应的检验结果。观察模型（7）和模型（9）可以发现，在行动结束后，交互项系数均为负数，表示环境执法联动行动在其结束后依然对空气质量指数的降低有促进作用；但系数在行动结束5天后变为正数，即环境执法联动行动对空气质量影响减弱，甚至失去影响。与模型（7）和模型（9）不同，模型（8）行动结束后的回归结果为正数，这表明，环境执法联动结束后，京津冀区域空气质量指数增加，空气污染程度加大。造成这一现象的原因可能是，2016年环境执法联动行动执行周期为121天，持续时间长、行动力度大，导致行动结束后空气质量指数立即出现反弹。从三次行动动态效应的回归结果看，虽然京津冀环境执法联动行动对区域空气质量有明显的改善作用，但这一效果在行动结束后持续时间短，甚至出现行动结束后空气质量迅速恶化的情况。这一结论从侧面证明了京津冀环境执法联动行动对空气质量的改善作用具有不稳定且持续性低的特点，从而证明了本书的假设2。

表6-6　　　　　　　　京津冀环境执法联动行动的动态性检验

被解释变量	AQI 模型（7）	AQI 模型（8）	AQI 模型（9）
Treat · Post	−16.45398 **	−4.736075 ***	−5.755559 ***
	（−2.20）	（−2.69）	（−3.58）
Treat · Post （行动结束后）	−32.76191 ***	28.30385 ***	−18.10507 ***
	（−2.88）	（4.56）	（−4.35）
Treat · Post （行动结束五天后）	15.18254	−35.05862 ***	25.70713 ***
	（1.17）	（−5.46）	（5.56）
Highest Temp	−4.251446 ***	1.589122 ***	3.345926 ***
	（−3.25）	（5.69）	（12.91）

续表

被解释变量	AQI 模型（7）	AQI 模型（8）	AQI 模型（9）
Lowest Temp	1.063788 （0.72）	0.1908262（0.68）	3.110273 *** （9.39）
Wind	−1.847333（−0.51）	−4.568651 *** （−8.11）	−0.9901399 * （−1.86）
Rain	0.157804 （0.02）	−4.307363 *** （−3.20）	−3.613404 *** （−2.95）
城市固定效应	YES	YES	YES
日期固定效应	YES	YES	YES
常数项	126.2033 *** （5.61）	48.79026 *** （5.31）	−22.52212 ** （−2.30）
样本量	1177	9391	3753
F	47.42	44.07	60.99
R^2	0.7520	0.6601	0.6575

注：括号中为标准误，*、**、***分别代表系数在10%、5%、1%的水平下显著。

四 适用性检验

平行性和随机性是双重差分法的重要前提。平行性假设是指开展执法联动行动之前，实验组和控制组的空气质量指数存在相同的变化趋势[1]。如果实验组和控制组空气质量的发展趋势并不一致，那么执法联动行动后区域空气质量改善，可能是由于在执法联动行动前各城市 AQI 就存在下降趋势，这种情况下空气质量改善就不能认为是执法联动行动带来的影响。随机性则是指实验组和控制组样本城市的选取是随机的。

为保证本书的信度，首先以空气质量指数 AQI 的一阶差分值作为被解释变量，以是否为实验组作为二值解释变量，对执法联动行动之前一段时间 31 个城市 AQI 的平行性进行检验。从表 6 - 7 可见，模型（10）（11）（12）中三次行动系数均不显著（P 值分别为 0.47、0.52、0.88），

---

① 邓荣荣、詹晶：《低碳试点促进了试点城市的碳减排绩效吗——基于双重差分方法的实证》，《系统工程》2017 年第 11 期。

表明实验组和控制组 AQI 在行动开始前存在同样的变化趋势，满足平行性假设。为观察实验组和控制组是不是随机选取的，本书进一步进行随机性检验。模型（13）（14）（15）呈现了随机性检验的结果：三次行动 P 值分别为 0.81、0.95 和 0.16，系数均不显著，说明结果通过随机性检验。综上，实证分析结果满足双重差分的适用性检验，并可以进一步推断，京津冀环境执法联动行动确实对区域空气质量有改善作用。

表 6 - 7   **平行趋势检验和随机性检验**

被解释变量	AQI 一阶差分值模型（10）	AQI 一阶差分值模型（11）	AQI 一阶差分值模型（12）	AQI 模型（13）	AQI 模型（14）	AQI 模型（15）
Treat	-3.531878 （-0.72）	-0.7401127 （-0.65）	0.1930884 （0.16）	0.0001424 （0.24）	-0.0000212 （-0.06）	0.0014778 （1.40）

注：括号中为标准误，*、**、***分别代表系数在 10%、5%、1% 的水平下显著。

五　稳健性检验

1. 改变时间窗宽稳健性检验

京津冀环境执法联动行动的双重差分结果可能受时间样本的影响，因此，本书以 10 日为基本单位，通过改变样本的时间窗宽对数据进行处理，以检验实证结果的稳健性（见表 6 - 8）。模型（16）和模型（17）改变了行动一的时间窗宽：模型（16）在模型（2）样本基础上将行动前后时间窗压缩 20 天，选取 2015 年 11 月 27 日至 12 月 15 日的数据进行回归分析；模型（17）在模型（2）样本基础上将行动前后时间窗压缩 10 天，选取 2015 年 11 月 22 日至 12 月 19 日的数据进行回归分析。结果显示，交互项系数均为负数，且都在 1% 的统计水平下显著，与模型（2）的系数 -16.45 在统计学意义上无显著较大差异。模型（18）和模型（19）改变了行动二的时间窗宽：模型（18）在模型（4）样本基础上将行动前后时间窗压缩 20 天，选取 2016 年 6 月 25 日至 2017 年 4 月 6 日的数据进行回归分析；由于行动二执行周期较长，模型（19）在模型（4）样本基础上将行动前后时间窗压缩 40 天，选取 2016 年 7 月 5 日至 2017 年 3 月 27 日的数据进行回归分析。结果显示，交互项系数均为负数，且都通过显著性检验,与模型(4)中交互项系数 -4.74 相差较小。模型(20)和模型(21)改变了行动三的时间窗宽:模型(20)在模型(6)样本基础上将行动前后时间窗压缩 20 天,选取 2017 年 6 月 11 日至 9 月 20 日的数据进行回归分析;模型(21)在模型(6)的基础上将行动前后时间窗压缩 10 天,选取 2017 年 6 月 6 日至 9 月 25 日的数据进行回归分析。结果显示,交互项系数为负数,且在 1% 的统计水平下显著,与模型(6)中系数 -5.76 相近。通过改变时间窗宽进行稳健性检验可以发现,无论如何改变时间样本的窗口期,估计结果均无无明显变化,说明了本书双重差分结果的稳健性,并进一步证实环境执法联动行动能够改善区域城市的空气质量。

表 6-8 改变时间窗宽稳健性检验

	模型(16) 行动一 (2015.11.27— 12.15)	模型(17) 行动一 (2015.11.22— 12.19)	模型(18) 行动二 (2016.6.25— 2017.4.6)	模型(19) 行动二 (2016.7.5— 2017.3.27)	模型(20) 行动三 (2017.6.11— 9.20)	模型(21) 行动三 (2017.6.6— 9.25)
Treat · Post	-34.12726 *** (-3.15)	-25.43603 *** (-3.11)	-4.598033 ** (-2.46)	-4.573039 ** (-2.30)	-8.872226 *** (-4.97)	-6.582641 *** (-3.91)
控制变量	YES	YES	YES	YES	YES	YES
城市固定效应	YES	YES	YES	YES	YES	YES
日期固定效应	YES	YES	YES	YES	YES	YES
常数项	126.612 *** (3.67)	48.15265 ** (1.98)	47.56144 *** (4.42)	74.09245 *** (6.27)	-32.87255 *** (-3.04)	-59.47211 *** (-7.89)
样本量	589	867	8771	8153	3156	3454
F	27.29	35.78	45.23	46.46	61.66	61.29
R^2	0.6843	0.7254	0.6635	0.6699	0.6603	0.6545

注:括号中为标准误,*、**、*** 分别代表系数在 10%、5%、1% 的水平下显著。

2. 安慰剂检验

采用双重差分法进行效应评估还可能面临着另一质疑,即空气质量改善不是由环境执法联动行动导致的，而是其他因素导致的结果[1]。为进一步验证效应评估结果的稳健性，借鉴已有研究方法[2]，通过改变执法联动行动开始的时间进行安慰剂检验。以 1/2 月为基本单位，根据三次行动执行周期的长短分别将执法联动行动开始的时间提前 15 天、45 天、30天。从表 6-9 可见，模型（22）（23）（24）报告了回归结果，三个交互项系数均为正数，排除了其他因素对京津冀区域空气质量指数下降的影响，这也证实了环境执法联动行动对空气质量的改善作用。

表 6-9　　　　　　　　京津冀环境执法联动效应的安慰剂检验

	模型（22） 行动一（提前 15 天）	模型（23） 行动二（提前 45 天）	模型（24） 行动三（提前 30 天）
Treat·Post	13. 72015 （1. 56）	3. 51224 ** （2. 12）	1. 765501 （0. 93）
控制变量	YES	YES	YES
城市固定效应	YES	YES	YES
日期固定效应	YES	YES	YES
常数项	140. 2022 *** （5. 87）	49. 92336 *** （5. 51）	- 40. 10193 *** （ - 4. 08）
样本量	1177	9391	3753
F	47. 09	44. 29	61. 14
R^2	0. 7497	0. 6594	0. 6547

注：括号中为标准误，*、**、***分别代表系数在 10%、5%、1% 的水平下显著。

第三节　小结

本书以 2015 年、2016 年、2017 年京津冀开展的三次环境执法联动行动为例，利用 2015—2017 年执法联动行动前后一段时间 31 个城市的面板

---

① 谭静、张建华：《国家高新区推动城市全要素生产率增长了吗？——基于 277 个城市的"准自然实验"分析》，《经济与管理研究》2018 年第 9 期。

② Tang, R., Tang, T., Lee, Z., "The Efficiency of Provincial Governments in China from 2001 to 2010: Measurement and Analysis", *Journal of Public Affairs*, Vol. 14, 2014, pp. 142 – 153.

数据，运用双重差分法检验了京津冀环境执法联动对区域空气质量的影响，并进一步检验了执法联动行动影响的持续性，研究结果均证实了本书提出的研究假设。研究发现，一是京津冀环境执法联动行动的开展能够显著改善区域空气质量。二是从三次执法联动行动结果的纵向比较来看，相较于首次环境执法联动行动，后几年开展的执法行动对空气质量的影响相对减弱。产生这一结果的原因可能是，2015 年 8 月《中华人民共和国大气污染防治法（2015 修订）》发布，新增"建立重点区域大气污染联防联控机制，统筹协调重点区域内大气污染防治工作"等内容，加强对地方政府环境保护和治理的追责[①]。在这一形势下，京津冀必然会提高对源头治理和协同治理的重视，进而建立三地环境执法联动机制。因此在 2015 年，环境执法联动机制建立初期，京津冀政府对执法联动工作的重视程度和执法力度较高，环境执法联动的效果也明显高于后期。三是从整体来看，京津冀执法联动行动对空气质量改善作用在行动结束后有短时间的持续性，但长期效果并不明显，甚至出现行动一结束空气质量迅速恶化的现象。这体现了中国非常态下联合治理模式与常态下大气治理需求的不平衡以及长效机制与短期效果之间的矛盾[②]。一方面，作为一种以任务为导向、以命令为载体、以控制为手段的应急式管理模式，京津冀环境执法联动行动可以精准、迅速、高效地监测污染源、识别违法行为、开展执法工作，完成治理目标[③]，从而达到降低大气污染物、改善空气质量的目的；另一方面，运动式的环保治理方式存在手段上的间歇性以及结果上的不确定性，从而影响大气污染治理绩效的持续性，使空气质量的改善效应不可持续。但不可否认，开展短期、运动式的环境执法联动行动是大气污染防治的有效途径，是打破传统科层体制下环境治理困境的必由之路[④]，是建立可持续府际协同治理机制的必要前提。但

①　郭薇、文雯：《修订了什么？变化在哪儿？新〈大气污染防治法〉出炉，抓住主要矛盾，强化政府责任，突出源头治理》，《中国环境报》2015 年 9 月 2 日第 6 版。

②　李瑞昌：《从联防联控到综合施策：大气污染政府间协作治理模式演进》，《江苏行政学院学报》2018 年第 3 期。

③　肖翠翠、郭培坤、常杪等：《大气污染防治督查结果特征分析与政策效果评估——以京津冀及周边地区大气污染传输通道城市为例》，《干旱区资源与环境》2019 年第 11 期。

④　贺璋、王冰：《"运动式"治污：中国的环境威权主义及其效果检视》，《人文杂志》2016 年第 10 期。

大气污染治理是一种常规性的治理需求，若要从根本上解决大气污染问题，实现空气质量的持续、有效改善，还需从管理理念、治理结构、运行机制等方面入手进行优化①，以期建立起环境治理联合行动的长效机制。

---

① 魏娜、孟庆国：《大气污染跨域协同治理的机制考察与制度逻辑——基于京津冀的协同实践》，《中国软科学》2018 年第 10 期。

第七章

结　论

本书从协同学和战略协同理论中有关协同概念的内核出发，搭建了"行动—状态—效应"府际协同实现机制的分析框架。系统梳理中国环境治理、雾霾治理、区域雾霾治理等方面的文献资料，从实践层面和政策层面两个角度把握中国区域雾霾协同治理的发展历程和总体特征。"行动"层面，本书在已有研究的基础上，聚焦区域雾霾治理中"避害型"府际合作的特性，分别探讨了合作如何提出、合作如何实施两种情境及其背后的逻辑。"状态"层面，本研究从府际协同的主体、协作内容、整合途径三个方面展开论述，刻画出区域雾霾治理中府际协同过程的全貌。"效应"层面，本书选取了京津冀雾霾治理中极具特色的执法联动行动作为研究对象，利用京津冀及周边地区 31 个城市的空气质量指数，采用双重差分法探究其执法效应。在上述研究结论的基础上，提出适应中国区域雾霾治理特性及现有体制环境的府际协同实现机制，并给出相应的推进策略。

本书的特色和创新之处主要体现在以下几方面。

一是以协同学一般原理为基础，通过案例研究法、过程追踪法、扎根理论、双重差分法等研究方法，深入到协同过程这个"黑箱"内部，深刻了解府际协同的内涵、关键机制、系统变量和组织生成等问题。

二是回应雾霾跨域治理的复杂性，充分考虑纵向、横向、内外等多层关系的交互影响，对现有丰富但分散的影响因素和研究层次进行系统化的整合研究。

三是整合基础研究与应用研究，整合规范研究与实证研究方法，沿着"协同学—协同治理—府际协同—区域雾霾治理中府际协同"的路线，从基础理论到治理实践，从一般规律到应用对策逐层递进。

相较于已有研究，本书从协同理论的核心概念出发，通过案例研究、量化分析等研究途径，建立起基础研究与应用研究、规范研究与实证研究的对话机制，深刻揭示区域雾霾治理中府际协同的关键要素、系统变量及组织生成等问题，进而探索其实现机制。在此基础上，为推进协同治理理论在公共管理领域的应用探索出新的路径，并拓展区域府际合作的研究空间。在应用层面，本书试图为化解"集体行动的困境"、有效应对区域雾霾提供决策参考，并为其他领域的跨域治理提供借鉴。

需要指出的是，尽管本书取得了一些有意义的结论，但仍存在不足和探索空间。一是本书在论述京津冀府际合作如何提出及实施的过程中，主要以二手资料为主，虽然在数据处理中注重资料的权威性与客观性，并借助一手资料提供检验，但二手资料本身依然具有局限性。未来可以依据本研究的结论针对其中更有趣和具体的议题进一步开展调研和访谈，通过更多一手资料佐证本研究的观点，并将研究向纵深推进。二是本书在总结区域雾霾治理总体特征及府际协同治理共性的基础上，着重探讨了重点区域——京津冀区域雾霾治理总体形势、常态下雾霾治理政策以及非常态下的区域雾霾治理实验。在区域雾霾治理府际协同"行动""状态"和"效应"部分都以京津冀区域为研究对象。京津冀区域虽然是区域雾霾治理的典型区域，但合作者中有作为首都的北京，这无疑增加了研究对象的政治因素，使京津冀区域在雾霾治理过程中也具有特殊性。部分结论是否同样适用于其他区域，待考证。

参考文献

中文参考文献

一 图书类

陈庆云主编:《公共政策分析(第二版)》,北京大学出版社2011年版。

广东、广西、湖南、河南辞源修订组、商务印书馆编辑部编:《辞源》,
　　商务印书馆出版社1979年版。

潘开灵、白烈湖:《管理协同理论及其应用》,经济管理出版社2006年版。

于文轩:《道法无常——新加坡公共管理之道》,上海三联书店2015年版。

曾健、张一方:《社会协同学》,科学出版社2000年版。

周雪光:《中国国家治理的制度逻辑:一个组织学研究》,生活·读书·
　　新知三联书店2017年版。

[德]哈贝马斯:《认识与兴趣》,郭官义、李黎译,学林出版社1999
　　年版。

[德]赫尔曼·哈肯:《协同学——大自然构成的奥秘》,凌复华译,上海
　　译文出版社2005年版。

[美]弗兰克·鲍姆加特纳、[美]布赖恩·琼斯:《美国政治中的议程与
　　不稳定性》,曹堂哲、文雅译,刘新胜、张国庆校,北京大学出版社
　　2011年版。

[美]肯尼思·华尔兹:《国际政治理论》,信强译,苏长和校,上海人民
　　出版社2003年版。

[美]罗伯特·K.殷:《案例研究:设计与方法(第5版)》,周海涛、史
　　少杰译,重庆大学出版社2017年版。

［美］斯图亚特·S. 那格尔编著：《政策研究百科全书》，林明等译，方韧、白以言审校，科学技术文献出版社1990年版。

［美］托马斯·R·戴伊：《理解公共政策（第十二版）》，谢明译，中国人民大学出版社2011年版。

［美］朱丽叶·M. 科宾、［美］安塞尔姆·L. 施特劳斯：《质性研究的基础：形成扎根理论的程序与方法（第3版）》，朱光明译，重庆大学出版社2015年版。

［英］安德鲁·坎贝尔、凯瑟琳·萨姆斯·卢克斯编著：《战略协同（第2版）》，任通海、龙大伟译，机械工业出版社2000年版。

二　期刊类

安彦林：《防治大气污染的财税政策选择》，《税务研究》2014年第9期。

陈贵梧：《"无组织的有序"：社会化媒体何以影响议程的设置？——以滴滴顺风车安全事件为例》，《电子政务》2021年第9期。

陈朋亲、毛艳华：《粤港澳大湾区跨域协同治理创新模式研究——基于前海、横琴、南沙三个重大合作平台的比较》，《中山大学学报》（社会科学版）2023年第5期。

陈润羊：《区域环境协同治理的体系与机制研究》，《环境保护》2023年第5期。

陈诗一、张云、武英涛：《区域雾霾联防联控治理的现实困境与政策优化——雾霾差异化成因视角下的方案改进》，《中共中央党校学报》2018年第6期。

樊铁侠：《"打赢蓝天保卫战"与区域大气污染防治的财政政策》，《改革》2018年第1期。

韩志明、刘璎：《雾霾治理中的公民参与困境及其对策》，《阅江学刊》2015年第2期。

何小钢：《结构转型与区际协调：对雾霾成因的经济观察》，《改革》2015年第5期。

胡雪萍、梁玉磊：《治理雾霾的政策选择——基于庇古税和污染权的启示》，《科技管理研究》2015年第8期。

黄六招、顾丽梅、尚虎平：《地方公共服务创新是如何生成的？——以

"惠企一码通"项目为例》,《公共行政评论》2019 年第 2 期。

黄志辉、丁焰、陈伟程等:《机动车污染防治形势及政策评估》,《环境影响评价》2017 年第 5 期。

贾哲敏:《扎根理论在公共管理研究中的应用:方法与实践》,《中国行政管理》2015 年第 3 期。

蒋琳莉、张露、张俊飚等:《稻农低碳生产行为的影响机理研究——基于湖北省 102 户稻农的深度访谈》,《中国农村观察》2018 年第 4 期。

蒋硕亮、潘玉志:《大气污染联合防治机制效率完善对策研究》,《华东经济管理》2019 年第 12 期。

《〈京津冀能源协同发展行动计划(2017—2020 年)〉发布》,《资源节约与环保》2017 年第 12 期。

鞠传国:《习近平生态文明思想与绿色"一带一路"建设》,《学习论坛》2022 年第 4 期。

寇大伟、崔建锋:《京津冀雾霾治理的区域联动机制研究——基于府际关系的视角》,《华北电力大学学报》(社会科学版)2018 年第 5 期。

李辉:《"避害型"府际合作中的纵向介入:一个整合性框架》,《学海》2022 年第 4 期。

李辉、黄雅卓、徐美宵等:《"避害型"府际合作何以可能?——基于京津冀大气污染联防联控的扎根理论研究》,《公共管理学报》2020 年第 4 期。

李辉:《雾霾协同治理需解决三大问题》,《中国机构改革与管理》2015 年第 3 期。

李永亮:《"新常态"视阈下府际协同治理雾霾的困境与出路》,《中国行政管理》2015 年第 9 期。

李智超、李奕霖:《横向合作与纵向干预:府际合作如何影响环境治理?——基于三城市群的比较研究》,《公共管理与政策评论》2022 年第 6 期。

刘贺、李雪铭、田深圳等:《中国城市空气质量时空演变及影响因素研究》,《生态经济》2021 年第 9 期。

刘华军、孙亚男、陈明华:《雾霾污染的城市间动态关联及其成因研究》,《中国人口·资源与环境》2017 年第 3 期。

任勇、周芮：《公共管理研究中的因果过程追踪法应用及其拓展空间》，《中国行政管理》2023 年第 2 期。

容志、李婕：《"一网"能够"统管"吗——数字治理界面助推跨部门协同的效能与限度》，《探索与争鸣》2023 年第 4 期。

尚虎平：《政府绩效评估中"结果导向"的操作性偏误与矫治》，《政治学研究》2015 年第 3 期。

邵帅、李欣、曹建华等：《中国雾霾污染治理的经济政策选择——基于空间溢出效应的视角》，《经济研究》2016 年第 9 期。

孙坤鑫：《机动车排放标准的雾霾治理效果研究——基于断点回归设计的分析》，《软科学》2017 年第 11 期。

唐亚林、郝文强：《从协同到共同：区域治理共同体的制度演进与机制安排》，《天津社会科学》2023 年第 1 期。

陶双成、黄山倩、高硕晗：《基于情景分析的关中城市群机动车污染物排放控制研究》，《生态环境学报》2022 年第 8 期。

王红梅、谢永乐、张驰等：《动态空间视域下京津冀及周边地区大气污染的集聚演化特征与协同因素》，《中国人口·资源与环境》2021 年第 3 期。

王龙、王娜、李辉等：《内部横向视角下政府数据跨部门协同治理的过程分析》，《电子政务》2023 年第 5 期。

王路昊、庞莞菲、廖力：《试验与示范：国家自主创新示范区建设中的央地话语联盟》，《公共行政评论》2023 年第 1 期。

王清：《政府部门间为何合作：政绩共容体的分析框架》，《中国行政管理》2018 年第 7 期。

魏娜、孟庆国：《大气污染跨域协同治理的机制考察与制度逻辑——基于京津冀的协同实践》，《中国软科学》2018 年第 10 期。

文宏、李风山：《中国地方政府危机学习模式及其逻辑——基于"央地关系—议题属性"框架的多案例研究》，《吉林大学社会科学学报》2022 年第 4 期。

吴芸、赵新峰：《京津冀区域大气污染治理政策工具变迁研究——基于2004—2017 年政策文本数据》，《中国行政管理》2018 年第 10 期。

肖富群、蒙常胜：《京津冀大气污染区域协同治理中的利益冲突影响机理

及协调机制——基于多案例的比较分析》,《中国行政管理》2022 年第
12 期。

邢华、邢普耀:《强扭的瓜不一定不甜:纵向干预在横向政府间合作过程
中的作用》,《经济社会体制比较》2021 年第 4 期。

徐祥民、姜渊:《对修改〈大气污染防治法〉着力点的思考》,《中国人
口·资源与环境》2017 年第 9 期。

杨奔、林艳:《我国雾霾防治的金融政策研究》,《经济纵横》2015 年第
12 期。

杨宏山、李娉:《中国地方治理的理论解释与比较分析》,《治理研究》
2018 年第 3 期。

杨志军、欧阳文忠、肖贵秀:《要素嵌入思维下多源流决策模型的初步修
正——基于"网络约车服务改革"个案设计与检验》,《甘肃行政学院
学报》2016 年第 3 期。

易兰、周忆南、李朝鹏等:《城市机动车限行政策对雾霾污染治理的成效
分析》,《中国人口·资源与环境》2018 年第 10 期。

张国兴、高秀林、汪应洛等:《中国节能减排政策的测量、协同与演
变——基于 1978—2013 年政策数据的研究》,《中国人口·资源与环
境》2014 年第 12 期。

张康之、向玉琼:《政策分析语境中的政策问题建构》,《东南学术》2015
年第 1 期。

张连国:《论复杂性管理范式下的生态协同治理机制》,《生态经济》2013
年第 2 期。

张强:《雾霾协同治理路径研究》,《西南石油大学学报》(社会科学版)
2015 年第 3 期。

张永宁、李辉、丛男等:《"情境—表达—结局"框架下中国减排政策变
迁与反思——以"五年规划"为线索的文本挖掘》,《科技进步与对
策》2016 年第 20 期。

赵斌、王琰:《我国区域合作治理机制的研究进展》,《经济体制改革》
2022 年第 1 期。

赵新峰、袁宗威:《区域大气污染治理中的政策工具:我国的实践历程与
优化选择》,《中国行政管理》2016 年第 7 期。

外文参考文献

一 图书类

Ansoff, H. I. , *Corporate Strategy, An Analytic Apporach to Business Policy for Growth and Expansion*, Penguin Books, 1965.

Beck, U. , *Risk Society: Towards a New Modernity*, London: Sage Publication, 1992.

Birkland, T. A. , *An Introduction to the Policy Process: Theories, Concepts and Models of Public Policy Making*, New York: Routledge, 2015.

Hajer, M. A. , *The Politics of Environmental Discourse: Ecological Modernization and the Policy Process*, New York: Clarendon Press, 1995.

Patton, C. V. , Sawicki, D. S. , *Basic Methods of Policy Analysis and Planning*, New Jersey: Prentice-Hall, 1986.

Popper, K. , *The Logic of Scientific Discovery*, New York: Routledge, 2005.

Yin, R. K. , *Case Study Research: Design and Methods*, Newbury Park: Sage, 2009.

二 期刊类

David, E. , "The Political System: An Inquiry into the State of Political Change", *Ethics*, Vol. 63, 1955.

Farchi, T. , Salge, T. O. , "Shaping Innovation in Health Care: A Content Analysis of Innovation Policies in the English NHS, 1948 – 2015", *Social Science & Medicine*, Vol. 192, 2017.

Feiock, R. C. , "Metropolitan Governance and Institutional Collective Action", *Urban Affairs Review*, Vol. 44, 2009.

Gunningham, N. , "The New Collaborative Environmental Governance: The Localization of Regulation", *Journal of Law and Society*, Vol. 36, 2009.

Liang, X. , Zou, T. , Guo, B. , et al. , "Assessing Beijing's PM2. 5 Pollution: Severity, Weather Impact, APEC and Winter Heating", *Proceedings of the Royal Society a Mathematical Physical & Engineering Sciences*, Vol. 471, 2015.

Mahoney, J. , "Process Tracing and Historical Explanation", *Security Studies*, Vol. 24, 2015.

Moravcsik, A. , "Negotiating the Single European Act: NationalInterests and Coventional Statecraft in the European Community", *International Organization*, Vol. 45, 1991.

Park, C. , Yong, T. , "Prospect of Korean Nuclear Policy Change through Text Mining", *Energy Procedia*, Vol. 128, 2017.

Phillimore, J. , "Understanding Intergovernmental Relations: Key Features and Trends", *Australian Journal of Public Administration*, Vol. 72, 2013.

Savitch, H. V. , "Territory and Power: Rescaling for a Global Era", *Proceedings of the International Conference on Urban and Regional Development in the 21st Century*, Sun Yat-Sen University, 2011.

Schleicher, N. , Norra, S. , Chen, Y. , et al. , "Efficiency of Mitigation Measures to Reduce Particulate Air Pollution—A Case Study during the Olympic Summer Games 2008 in Beijing, China", *Science of the Total Environment*, Vols. 427 –428, 2012.

Shanahan, E. A. , McBeth, M. K. , Hathaway, P. L. , et al. , "Conduit or Contributor? The Role of Media in Policy Change Theory", *Policy Sciences*, Vol. 41, 2008.

Small, K. A. , "Energy Policies for Passenger Motor Vehicles", *Policy and Practice*, Vol. 6, 2012.

Tang, R. , Tang, T. , Lee, Z. , "The Efficiency of Provincial Governments in China from 2001 to 2010: Measurement and Analysis", *Journal of Public Affairs*, Vol. 14, 2014.

Timmermans, S. , Tavory, I. , "Theory Construction in Qualitative Research: From Grounded Theory to Abductive Analysis ", *Sociological Theory*, Vol. 30, 2012.

Wang, H. , Zhao, L. , Xie, Y. , et al. , " 'APEC Blue' —The Effects and Implications of Joint Pollution Prevention and Control Program", *Science of the Total Environment*, Vol. 553, 2016.

Wilkins, P. , "Accountability and Joined-up Government", *Australian Journal of Public Administration*, Vol. 61, 2002.

Xiong, W., Chen, B., Wang, H., Zhu, D., "Transaction Hazards and Governance Mechanisms in Public-Private Partnerships: A Comparative Study of Two Cases", *Public Performance & Management Review*, Vol. 42, 2019.

Yin, X. P., "Regional Economic Integration in China: Incentive, Pattern, and Growth Effect", *Hong Kong Meeting on Economic Demography*, 2003.

后　记

当我踏上这段探索区域治理之路时，中国正处于一个工业化和城市化飞速发展的历史时期。这一阶段，虽然迎来了经济的飞速增长，但同时也伴随着各种环境问题的出现。特别是从 2013 年开始，大面积的雾霾天气如期而至，仿佛成为一道无法避免的"季节性风景"。这不仅对我们的生态环境造成了巨大的压力，而且对公众的身心健康也带来了严重威胁。我时常反思：我们的治理策略是否足以应对频繁出现的环境问题？是否存在一种更为系统、更具协同性的治理模式，能够更好地应对这些挑战？

一直以来，府际合作与协同治理都是我的主要研究方向。早在博士期间，我就对协同治理、协同型政府等概念进行过系统梳理。在《善治视野下的协同治理研究》（发表于《科学与管理》2010 年第 6 期）中，我重新厘清了协同治理的内涵，探析了协同治理的观念指导、方法论及技术手段。文章被人大复印资料"管理学文摘"转载，被引已超过 800 次，入选了 2006—2021 年公共管理"高被引文献"榜单。在著作《协同型政府：理论探索与实践经验》中，我提出并系统阐述了适应治理时代需求的政府形态——协同型政府，引发了学界对治理时代政府存在样态、运行方式、治理能力等问题的新讨论。在地方政府区域合作研究方面，我早期广泛关注了广佛同城、山东半岛蓝色经济建设、黄河三角洲高效生态经济区建设、蓝黄协同等领域的"趋利型"府际合作。2014 年之后，我将研究重点逐渐转向空气污染治理等领域的"避害型"府际合作，并连续获得"区域雾霾治理中府际协同的实现机制研究""地方政府区域合作中纵向介入的控制权配置研究"两项国家社科项目资助。

随着中国区域间日益紧密的经济和社会联系形成进一步了解，我更加明确了一个事实：我们正在面临着一个跨层级、跨区域、跨部门的环境治理难题。在当今环境治理领域，雾霾仍然是一个无法回避的议题。它不仅仅是个环境问题，更是一个关乎社会经济、健康福祉和可持续发展的全球性议题。为了深入探寻答案，我选择了雾霾治理作为本书的核心议题。雾霾，不仅仅是一个环境问题，更是一个综合性、系统性的挑战，涉及多方面的因素和利益冲突。在本书中，我对雾霾的形成机制、影响范围、治理难点等进行了深入剖析。同时，我也详细探讨了如何通过府际协同，结合各层级、各区域、各部门的力量，共同应对这一挑战。这一过程中，我进行了大量的文献调研、实地考察、专家访谈等，试图为读者呈现一个全面、深入、系统的雾霾治理研究。

在本书创作过程中，我尝试从多个维度解读雾霾治理的难点，以及如何有效地进行治理。开篇，我对雾霾的形成机制和治理特性进行了深入探讨。通过这一章，我们能够明白雾霾并非天然而来，而是人类活动与自然环境相互作用的结果。这不仅揭示了雾霾的复杂性，更为我们明确了治理的方向。我们意识到，要想真正解决这一问题，我们必须对其产生的根源进行深入研究，并采取全面、系统的治理方法。在接下来的章节中，我系统回顾了雾霾治理的法律视角、政策工具视角和结构视角，提出府际合作是区域雾霾协同治理的主轴，并从协同概念的理论内核出发构建区域雾霾治理中府际协同的理论框架。在第三章"区域雾霾治理的实践探索"中，我试图呈现一个全景式的区域雾霾治理实践图景。通过对各地的实践进行深入研究和对比，我希望能够提炼出成功的经验和存在的问题，为大家提供一个实证的参考。特别是当前在中国加快推进产业结构、能源结构、交通运输结构的调整优化的大背景下，如何实施有效的雾霾治理是每个区域、每个城市亟待解决的问题。在第四章中，我深入分析了府际协同的形态和机制，探讨了从合作的提出到具体实施的全过程，旨在为读者提供一个更为深入、系统的理解，让大家看到在复杂的实践背景下，各级政府是如何通过协同来推进雾霾治理的。需要强调的是，在本章节中，我开创性地提出"避害型"府际合作的概念并深入探究其生成逻辑。到了第五章，我更多地聚焦于府际协同的状态和演进。通过对各种协同途径和模式的分析，这一章揭示了府际协同的动态变化，希望能为政府提供更为灵活和高效的协同策略。而在第六章，我通过实证研究，评估了府际协同在雾霾治理中的实际效果。希望这一章能为大家揭示协同治理的真正价值，为政府提供有针对性的策略和建议。在结论部分，我全面回顾并阐释了本书的研究目标、研究内容、研究结果及研究意义，也进一步提出了对区域治理研究的未来展望。

回望这本《跨域环境治理中的府际协同——以雾霾治理为例》的写作历程，每一章节背后都是日夜的努力和无数次的反思。这本书的诞生，既是我对公共管理和区域治理的深度思考，也是我多年学术研究的浓缩。刚开始接触雾霾治理这个课题时，我面临的首要问题是如何厘清各个行政区域之间错综复杂的关系。治理雾霾不仅仅是环境科学的问题，更是一个跨学科、跨领域、跨区域的大课题。我明白，要真正深入这个领域，就必须先从理论开始，探索府际协同的本质、特点和作用。在进行深入的文献回顾和理论梳理后，我开始组织团队走访了多个重点受雾霾影响的城市和地区，希望从一线了解雾霾治理的现状、问题与挑战。每到一个地方，我们都会深入到基层，与相关部门和专家进行深度交流；同时，与当地居民进行对话，了解他们的真实感受和需求。过程中，我深感雾霾治理的复杂性。每一个地方，每一个环节，都有其特殊性。但更重要的是，我逐渐发现，府际间的协同不仅仅是行政命令的传递和执行，更多的是基于共同的目标和利益进行有效的沟通和合作。写作这本书的过程，也是我不断反思和成长的过程。每次遇到疑问或困难，我都会回到原点，回到那些受雾霾困扰的城市，去寻找答案。我始终相信，真实的研究和真正的答案，都是来源于生活、来源于实践的。

在此，我要特别感谢我的团队：贵州财经大学公共管理学院副教授洪扬，浙江大学马克思主义学院讲师皇甫鑫，南开大学周恩来政府管理学院博士生黄雅卓，浙江大学公共管理学院博士生胡彬，山东大学国家治理研究院博士生曹雨婷，山东大学政治学与公共管理学院硕士生傅文硕、王陈阳、彭雨萱、何俊华、杨竹君、张相茹等。他们不仅在数据收集、文献整理上给予了我巨大的帮助，更多的是在思考和探讨上，与我一同进步。每一次的讨论、每一次的修改，都使我们的研究更加深入和细致。此外，我还要感谢那些为我们提供实践资料和调研支持的单位和个人。最后，我希望这本书能为我国的环境治理提供一些有价值的理论支撑和实践参考，也希望能为公共管理研究提供一些新的视角和启示。

李晔华

2024 年 12 月